■ 交点の計算

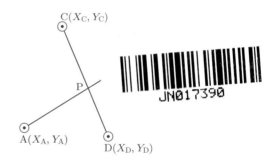

$$\boxed{\text{Pol}}\ X_B\ \boxed{-}\ X_A\ \boxed{,}\ Y_B\ \boxed{-}\ Y_A\ \boxed{=}\ \boxed{\tan}\ \boxed{Y}\ \boxed{\text{STO}}\ \boxed{A}\quad (\text{AB の傾き})$$

$$\boxed{\text{Pol}}\ X_D\ \boxed{-}\ X_C\ \boxed{,}\ Y_D\ \boxed{-}\ Y_C\ \boxed{=}\ \boxed{\tan}\ \boxed{Y}\ \boxed{\text{STO}}\ \boxed{B}\quad (\text{CD の傾き})$$

$$\boxed{\text{MENU}}\ \boxed{6}\ \boxed{1}\ \boxed{2}\qquad\qquad\qquad (\text{連立方程式計算モード})$$

$$\boxed{A}\ \boxed{=}\ -1\ \boxed{=}\ X_A\ \boxed{A}\ \boxed{-}\ Y_A\ \boxed{=}\qquad (AX-Y=X_A A-Y_A)$$

$$\boxed{B}\ \boxed{=}\ -1\ \boxed{=}\ X_C\ \boxed{B}\ \boxed{-}\ Y_C\ \boxed{=}\qquad (BX-Y=X_C B-Y_C)$$

$$\boxed{=}\ X_P$$

$$\boxed{=}\ Y_P$$

■ 面積の計算法

機械点	X_i	Y_i	$Y_{i-1}-Y_{i+1}$	$X_i(Y_{i-1}-Y_{i+1})$
A	12.6	8.5	−5.0	−63
B	14.6	13.5	−6.0	−87.6
C	18.6	14.5	5.0	93
D	22.6	8.5	6.0	135.6
		合計	0	78

足すとゼロになる　　　　　　　　　　　　　倍面積

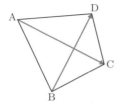

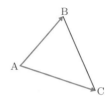

四角形の面積の簡易公式：

$$S=\frac{1}{2}\left|(x_A-x_C)(y_B-y_D)-(x_B-x_D)(y_A-y_C)\right|$$

三角形の面積の簡易公式：

$$S=\frac{1}{2}\left|(x_A-x_C)(y_A-y_B)-(x_A-x_B)(y_A-y_C)\right|$$

土地家屋調査士試験のための

関数電卓

徹底攻略ガイド

遠藤雅守［著］
Masamori Endo

森北出版

はじめに

　本書は、タイトルのとおり「土地家屋調査士試験」の受験者を対象に書かれた、関数電卓の使い方を独習するテキストです。

　土地家屋調査士試験とは法務省が管轄する国家試験で、合格者は「土地家屋調査士」となって、依頼を受けて不動産の登記に必要な調査・測量、そして登記書類の作成を行います。合格率は毎年 5% 程度と狭き門で、非常に難関な国家試験の一つといえるでしょう。

　特徴の一つに、法律などのいわゆる「文系」の知識と、測量などの「理系」の知識の両方が要求される、という点があります。ただし、測量士や建築士などの資格をもつ人は「理系」に相当する試験が免除される、という特典があります。ということは、本書を手に取った人は、測量や製図などに縁のなかった「文系」の人、ということになるのでしょうか。本書は、そういった人を念頭におきながら、関数電卓をまったく使ったことがない、という人でも土地家屋調査士試験に必要な数学の基礎と関数電卓のスキルを独習できるように配慮して書かれています。

　本書では、試験に持ち込み可能な関数電卓から CASIO fx-JP500 （と、その上位機種である fx-JP700, fx-JP900）を選びました。巷には、関数電卓を複数台使う方法や、特殊な関数を使って交点を求める方法などが「秘技」として紹介されていますが、本書ではきわめてオーソドックスな、関数電卓の基本的な使い方のみを学びます。試験に特化したテクニックは、試験が終わったら用済みです。それより、土地を測るとはどういうことか、それには何をすればよいのかという視点で学んだほうが、合格してから役に立つでしょう。

　本書は、まずキーの基本的操作から始めて、三角関数について必要最小限の知識を復習します。続いて計算履歴やメモリーなど、関数電卓を効率よく使うスキルを勉強します。そして後半ではトラバース測量の基礎と、交点、面積などの測量計算の考え方を学び、過去の試験問題を実際に解くことを通じて、手に入れた関数電卓を使いこなすことを目標とします。

　一つ申し上げたいのは、本書はあくまで「関数電卓の使い方」を学ぶためのテキストであって、土地家屋調査士試験の問題を解くために必要な知識は、専門のテキストでしか学びえない、ということです。一方、土地家屋調査士試験受験者をター

ゲットにした関数電卓の指南書は現在でもほとんどないようですので、従来の参考書では関数電卓の使い方がわからなかった、という人にこそ手にとっていただきたいと思います。

　本書が、一人でも多くの土地家屋調査士誕生に貢献できれば幸いです。

2023 年 4 月　　　　　　　　　　　　　　　　　　　　　　　遠藤雅守

目次

CHAPTER 1

関数電卓の使い方

　本章では、関数電卓の使い方を、基本中の基本から解説していきます。とはいっても、関数電卓の使用方法はメーカーごとに異なり、同じメーカーでも機種ごとに細かい違いがあります。したがって、本書では、以降の混乱を避けるため、使用する関数電卓を CASIO fx-JP500 に限定します。もちろん、これは試験に持ち込みが許されている機種の一つで、本書刊行の時点では土地家屋調査士試験にもっともふさわしい関数電卓である、と私が考えている機種です。まだこの電卓を入手していない人は、読み進める前に購入してください。また、上位機種のfx-JP700, fx-JP900 はどちらも試験に持ち込みが可能で、ごく一部の例外を除き、操作方法は同じです。これらを持っている人はあらためて fx-JP500 を買い直す必要はありません。

1.1　各部名称と機能

　まずは関数電卓の各部名称・機能について説明します。図 1.1 は、fx-JP500 の外観と各部名称です。まず、全体の配置から見ていきます。本体上部の液晶画面は**表示部**です。そして、そのすぐ下にあるのが**ファンクションエリア**です。ファンクションエリアの上部には**十字キー**（または矢印キー）があります。ファンクションエリアの下は**置数・演算子エリア**です。

　表示部には数式や解などが表示されます。表示部のうち、最上部は**ステータスエリア**といって、関数電卓の現在の動作状態（モード）を示します。ここに表示される記号の意味は、関連する機能が登場したときに説明します。

　いくつか、重要なキーを探しておきましょう。まずは **SHIFT** キーです。これらは、主に裏機能を呼び出すときに使います。**裏機能**とは、キーの上側に黄色の文字で記されている機能です。次に **MENU** キーを探してください。これらは、連立方程式や複素数など、通常計算とは異なる計算を行うモードに切り替えるキーです。

　次に、**SETUP** を探してください。角度モード、表示、入力方式などをここで切

ステータスエリア

数式表示エリア

解表示エリア

表示部

SHIFT

ファンクション
エリア

(−) キー

置数・演算子
エリア

MENU
SETUP（裏）

十字キー

×10^x
（浮動小数点）

図 1.1　fx-JP500 の各部名称

り替えます。最後に、×10^x キーと、(−) キーを探してください。これらは、**浮動小数点***と負数を入力する際に使う特別なキーです。

1.2　電源を入れる

　関数電卓を手にして、まずはじめに押すボタンが**電源**です。電源ボタンの位置を図 1.2 に示します。電源 off はどうするかというと、一応、機能としては備わっていますが、これを使う必要はありません。しばらく使わないと電源が off になる設計になっており、しかも、ボタン型電池と太陽電池の併用で、電池寿命は 10 年をはるかに超えます。

---

*　123 を 1.23×10^2 のように表す表記法。主に科学技術の分野で使われます。

図 1.2　電源ボタン

1.3　初期状態を作る

「本書の指示どおりに計算しているのに、結果が一致しない」ということがあるかもしれません。誤植の可能性もありますが、ほとんどの場合、関数電卓の状態（モード）が本書と異なっていることが原因です。各種モードについてはこれから一つずつ説明していきますが、とにかく**初期状態**に戻る方法をまず覚えましょう。

　　SHIFT　9　3　=　AC

です。

1.4　入力方法と表示方法の設定

　初期状態を作ったら、次に設定するのは関数電卓の入力方法と表示方法です。fx-JP500 は、初期状態だと根号（ルート）や分数で表示可能な解はそのまま表示します。たとえば、sin 60° の計算結果は初期状態だと図 1.3 左のようになります。これを**数学自然表示入出力モード**とよびます。

　一方、fx-JP500 には**ライン表示入出力モード**というものがあり、このモードでは、たとえば sin 60° の計算結果は**図 1.3** 右のようになります。これは、fx-JP500

数学自然表示入出力モード

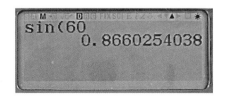

ライン表示入出力モード

図 1.3　「数学自然表示入出力モード」と「ライン表示入出力モード」の違い

よりかなり前の世代の関数電卓で標準的な入力・表示方式で、ある意味では、最新の関数電卓の能力を活かしていない動作モードです。

　しかし本書は、fx-JP500を土地家屋調査士試験に使うことに特化した教科書です。そのため、以降、入出力モードは「ライン表示入出力モード」に固定します。すでにfx-JP500をある程度使い込んだ人には納得がいかないかもしれませんので、なぜ「ライン表示入出力モード」が土地家屋調査士試験に適しているかをはじめに説明しておきます。

　fx-JP500を「ライン表示入出力モード」で使うことには以下のメリットがあります。

a　平方根を含んだ解が小数で表示される
b　座標変換の結果の X, Y が同時に表示される
c　複素数モードの計算結果の実部、虚部が同時に表示される
d　一つ前の計算式とその結果が表示される
e　長い数式は2行で表示される
f　角度の度分秒表記が保たれる
g　「挿入モード」と「上書きモード」を使い分けできる

　とくに、最後の「上書きモード」は、土地家屋調査士試験のように同じ計算を数値を変えて繰り返す用途には大変便利な機能で、私は、これだけでも「ライン表示入出力モード」を選択する理由になると考えています。一方で、「ライン表示入出力モード」には、「数学自然表示入出力モード」に比べ、以下のようなデメリットがあります。

a　分数が使えない
b　平方根や分数を含む複雑な数式が見た目のとおりに入力・表示できない
c　一般に、より多くの括弧を入力する必要がある

　しかし、これらのデメリットは、土地家屋調査士試験にかぎれば、大きな問題ではありません。さっそく、「ライン表示入出力モード」に設定しましょう。設定は

　　　SHIFT **MENU** **1** **3**

です。なお、**SHIFT** **MENU** という操作は、**MENU** キーの裏機能の **SETUP** を実行する、という意味です。以降は、裏機能を示す記号には **SETUP** のように直接裏の

表示を使います。

1.5 位取りのカンマ

関数電卓では、解が大きな桁数になることがよくあります。たとえば、以下のような計算です。

例題 1.1 以下の計算を行いなさい。

$$12345 \times 67890 \tag{1.1}$$

解答 838102050

12345 ✕ 67890 ＝ 答：838102050

これが何桁の数なのか、ぱっと見てわかる人は少ないでしょう。fx-JP500 は、大きな数の表示に 3 桁ごとの**位取り**カンマが表示されるように設定が可能です。初期状態ではこの機能は off になっていますが、便利ですのでセットしておきましょう。設定は

SETUP ↓ ↓ 3 1

です。同じ計算を繰り返してください。今度は、9 桁であることがすぐわかります（図 1.4）。

図 1.4 大きな数の桁数を区切る表記

1.6 小数の表示モードを切り替える

さらに、fx-JP500 では、**小数の表示モード**が表 1.1 の四つの中から選べます。た

表 1.1　fx-JP500 の小数表示モード

表示形式	概要
FIX	小数点以下の指定桁数で四捨五入
SCI	解はつねに浮動小数点表示
Norm1	0.01 より小さい数は浮動小数点表示
Norm2	10^{-9} より小さい数は浮動小数点表示

だし私の経験から、**FIX モード***、**SCI モード**は切り替えがいちいち不便で、実用的ではありません。したがって、本書では表示は **Norm モード**で統一します。Norm1 と Norm2 の違いは、どの範囲で通常表示が選択されるかの違いです。実際に関数電卓を使ってみると、たとえば 0.000004567 が 10 のマイナス何乗かがぱっと見でわからない、ということがよくあります。そこで、本書では Norm1 モードを選びます。設定は

SETUP **3** **3** **1**

です。これにより表示が 4.567×10^{-6} と変わり、10 のマイナス何乗かが一見してわかるようになります。

1.7　関数電卓の三つの動作状態

関数電卓の使い方は、基本的には

a　数式を入力する
b　イコールキーを押す
c　表示された解を見る

だけのシンプルなものです。しかし、ここで、関数電卓の三つの状態について知っておくと、より高度な使い方ができるようになります。三つの状態とは、「入力状態」「解確定状態」「エラー状態」です。

　一般に、関数電卓の操作は、まず **AC** キーで数式表示エリアを初期化するところから始まります。すると、表示がクリアされ、関数電卓は**入力状態**に入ります（図1.5）。この状態で、ユーザーは数式を関数電卓に入力していきます。

---

*　FIX モードを使わない理由はほかにもあります（→ p.66）。

クリアキー

クリア直後の表示（入力状態）

図 1.5　関数電卓のクリア

数式の入力が終了したら、**=** キーを押します。すると、関数電卓は**解確定状態**になります（図 1.6）。この状態で初めて、計算結果が解表示エリアに表示されます。ここから数値キーを押すと、「数学自然表示入出力モード」では直前の計算がクリアされ、再び関数電卓は入力状態に入ります。「ライン表示入出力モード」の場合は表示はクリアされず、1 行下で入力状態になります。

図 1.6　解確定状態

面白いのは、解確定状態から **+** **−** などの演算子キーや、x^2 x^{-1} などの関数キーを押すと、数式エリアには「Ans」を含む表示が現れることです（図 1.7）。詳しくは第 3 章で述べますが、Ans には「直前の計算結果」という意味があります。

入力にエラーがあると、**=** キーを押したときに関数電卓は**エラー状態**になります（図 1.8）。**AC** でクリアすることもできますが、十字キー **←** または **→** を押すと、再び入力状態に戻ります。**DEL** キー、十字キーを使って間違いを訂正してください。

図 1.7　解確定状態から **+** キーを押した結果。Ans には直前の計算の解が入っている。

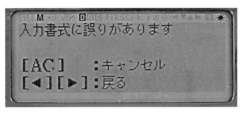

図 1.8　エラー状態

1.8　負数の入力

　関数電卓にマイナスの数を入力するときには、負号キー (−) （図 1.9）を使います。(−) キーは − キーとは異なり、後に続く数値がマイナスであることを表す専用のキーです。

間違った操作	2 × − 3 =	
正しい操作	2 × (−) 3 =	答：−6

負号キー ——

図 1.9　負号キー

　CASIO の関数電卓は、伝統的に上記のどちらの入力でも結果が同じになるように作られていますが、− による操作は設計者の意図した入力ではなく、エラー処理によって同じ結果になるよう配慮されているにすぎません。SHARP の関数電卓では、− による操作はエラーになります。正しい操作を心がけましょう。

1.9　関数の入力

　ファンクションエリア（→ p.1、図 1.1）を見てください。皆さんがよく知っている関数が並んでいます。関数には、x^2 や x^{-1} など、数字を関数の前におく関数（前置型関数）、sin や log など、数字を関数の後におく関数（後置型関数）がありますが、いずれも頭から数式どおりに入力します。たとえば、log 1000 を計算し

てみましょう。

例題 1.2　$\log 1000$ を計算しなさい。

解答 3

$\boxed{\texttt{log}}$ 1000 $\boxed{=}$　　　　　　　　　　　　　　　　　　　答：3

ここで、$\boxed{\texttt{log}}$ と打つと自動的に開き括弧が現れます（図 1.10）。一般に関数電卓は、数式の最後の閉じ括弧は省略してもよいルールになっているので、$\boxed{\texttt{）}}$ は入力する必要はありません。もちろん、きちんと括弧を閉じてもかまいません。

図 1.10　$\log 1000$ の計算

続いて、10 の 3 乗を計算します。10^x と log は互いに**逆関数***の関係にあります。したがって、10^x は log の裏にあり、$\boxed{\texttt{SHIFT}}$ キーを使い呼び出します。キーの刻印は $\boxed{\texttt{10}^\blacksquare}$ です。$\boxed{\texttt{SHIFT}}$ キーを押すと、ステータスエリアに裏状態を表す記号 $\boxed{\texttt{S}}$ が現れます（図 1.11）。

図 1.11　裏状態を表す記号

例題 1.3　10^3 を計算しなさい。

解答 1000

$\boxed{\texttt{10}^\blacksquare}$ 3 $\boxed{=}$　　　　　　　　　　　　　　　　　　　答：1000

＊　ある関数 $y = f(x)$ があるとき、任意の y に対して x を与える関数 $x = g(y)$ を $f(x)$ の「逆関数」とよびます。

入力を間違えてしまった場合、直後であれば簡単に DEL キーで1文字戻ることができます（図1.12）。また、十字キーを併用すれば、多彩な修正を加えることができます。これを応用して、同じような計算を繰り返し行う方法については第3章で学びますので、ここでは、基本の修正テクニックを学びます。

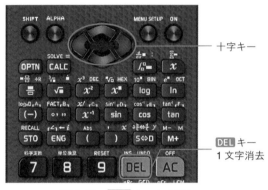

十字キー

DEL キー
1文字消去

図1.12　DEL キーと十字キー

例題 1.4　数式に、以下のような修正を行いなさい。
(1) $\log 30$ を $\log 35$ に修正する
(2) $\log 30$ を $\log 130$ に修正する
(3) $\log 30$ を $\ln 30$ に修正する

解答

(1)　log 30 DEL 5 =　　　　　　　　　　　　　　答：1.544068044

(2)　log 30 ← ← 1 =　　　　　　　　　　　　　答：2.113943352

(3)　log 30 ← ← DEL ln =　　　　　　　　　　答：3.401197382

1.11 演算の優先順位

関数電卓では、数式計算の優先順位がルールどおりに考慮されます。掛け算の優先順位は足し算より上ですので、

$$1 + 2 \times 3 \tag{1.2}$$

を数式どおりに入力すれば、正しく 7 を得ます。

$$\boxed{1}\ \boxed{+}\ \boxed{2}\ \boxed{\times}\ \boxed{3}\ \boxed{=} \hspace{3cm} \text{答}:7$$

頭から順に計算させたければ、**括弧**を使います。数式では

$$(1 + 2) \times 3 \tag{1.3}$$

ですが、入力も数式どおりです。

$$\boxed{(}\ \boxed{1}\ \boxed{+}\ \boxed{2}\ \boxed{)}\ \boxed{\times}\ \boxed{3}\ \boxed{=} \hspace{3cm} \text{答}:9$$

fx-JP500 は、sin や cos, log などの後置型関数には消去できない括弧が付随します（→図 **1.10**）。したがって、括弧を閉じるまでが関数に与えられる数値とみなされます。ただし、最後の閉じ括弧は省略できるルールでしたので、以下の入力はどちらも正しい解を返します。

$$\sin 30° \tag{1.4}$$

$$\boxed{\sin}\ \boxed{30}\ \boxed{=} \hspace{5cm} \text{答}:0.5$$

$$\boxed{\sin}\ \boxed{30}\ \boxed{)}\ \boxed{=} \hspace{5cm} \text{答}:0.5$$

一方、以下のような入力は、$\sin(30°) \times 3$ ではなく、$\sin(30 \times 3)°$ と解釈されます。

$$\boxed{\sin}\ \boxed{30}\ \boxed{\times}\ \boxed{3}\ \boxed{=} \hspace{4cm} \text{答}:1$$

そのため、$\sin(30°) \times 3$ と計算したければ、以下のように入力する必要があります。

$$\boxed{\sin}\ \boxed{30}\ \boxed{)}\ \boxed{\times}\ \boxed{3}\ \boxed{=} \hspace{4cm} \text{答}:1.5$$

また、関数電卓には、文字式と同様の**省略された乗算記号**が使えます。たとえば、関数電卓で

$$\boxed{2}\ \boxed{\sin}\ \boxed{30}\ \boxed{=} \hspace{4cm} \text{答}:1$$

と打つと、これは「$2 \times \sin 30°$」と解釈されます。そして、この「省略された乗算」は、$\boxed{\times}\ \boxed{\div}$ より先に計算されます。たとえば、

$$\frac{1}{2}\sin 30° \tag{1.5}$$

を

    1 ÷ 2 sin 30 =   答：1

と打つと、これは $1/(2\sin 30°)$ と解釈されます。一方で、

    1 ÷ 2 × sin 30 =   答：0.25

は、頭から計算されるので、答えは 0.25 になります。

▬▬▬ 演習問題 ▬▬▬

Q1. fx-JP500 を初期状態にリセットし、その後「ライン表示入出力モード」、小数の表示を「Norm1 モード」、3 桁ごとにカンマ表示する状態にセットしなさい。

以下の計算を行いなさい。

Q2. $\log\dfrac{1}{2}$

Q3. $\sin\left(\dfrac{1}{2}+\dfrac{2}{3}\right)$

Q4. $-1.25-(-1.25)$

Q5. $2\sqrt{\left(\dfrac{1}{8}\right)^2+\left(\dfrac{1}{12}\right)^2}$

    NOTE ファンクションキー 2 段目の x^2 キーを使いなさい。

Q6. $\dfrac{4}{1+\dfrac{1^2}{3+\dfrac{2^2}{5+\dfrac{3^2}{7+1}}}}$

Q7. $-2.5\times 10^{-3}\times(-3.5\times 10^{6})$

Q8. $\sqrt{\sqrt{2}+\sqrt{3}}+1$

▬▬▬ 演習問題解答 ▬▬▬

A1. (1) リセット
                SHIFT 9 3 = AC
    (2) 「ライン表示入出力モード」にセット
                SETUP 1 3

(3) 小数点を Norm1 にセット

$\boxed{\text{SETUP}}$ $\boxed{3}$ $\boxed{3}$ $\boxed{1}$

(4) カンマ表示

$\boxed{\text{SETUP}}$ $\boxed{\downarrow}$ $\boxed{\downarrow}$ $\boxed{3}$ $\boxed{1}$

A2. -0.3010299957

$\boxed{\text{log}}$ 1 $\boxed{\div}$ 2 $\boxed{=}$　　　　　　　　　　　　　　　答：-0.3010299957

A3. 0.02036076755

$\boxed{\text{sin}}$ 1 $\boxed{\div}$ 2 $\boxed{+}$ 2 $\boxed{\div}$ 3 $\boxed{=}$　　　　　　　　　答：0.02036076755

A4. 0

$\boxed{(-)}$ 1.25 $\boxed{-}$ $\boxed{(-)}$ 1.25 $\boxed{=}$　　　　　　　　　　　　　答：0

$\boxed{\text{NOTE}}$ 数字のマイナスは $\boxed{-}$ キーでなく $\boxed{(-)}$ キーを使います。

A5. 0.3004626063

2 $\boxed{\sqrt{}}$ $\boxed{(}$ 1 $\boxed{\div}$ 8 $\boxed{)}$ $\boxed{x^2}$ $\boxed{+}$ $\boxed{(}$ 1 $\boxed{\div}$ 12 $\boxed{)}$ $\boxed{x^2}$ $\boxed{=}$　答：0.3004626063

A6. 3.140350877

4 $\boxed{\div}$ $\boxed{(}$ 1 $\boxed{+}$ 1 $\boxed{x^2}$ $\boxed{\div}$ $\boxed{(}$ 3 $\boxed{+}$ 2 $\boxed{x^2}$ $\boxed{\div}$ $\boxed{(}$ 5 $\boxed{+}$ 3 $\boxed{x^2}$ $\boxed{\div}$ $\boxed{(}$ 7 $\boxed{+}$ 1 $\boxed{=}$

答：3.140350877

問題は $7+1$ で打ち切っていますが、この先を $7+\dfrac{4^2}{9+\dfrac{5^2}{11+\cdots}}$ と無限に続けると、

答えが**円周率** π になることが知られています。

A7. 8750

$\boxed{(-)}$ 2.5 $\boxed{\times 10^x}$ $\boxed{(-)}$ 3 $\boxed{\times}$ $\boxed{(-)}$ 3.5 $\boxed{\times 10^x}$ 6 $\boxed{=}$　　　　答：8750

$\boxed{\text{NOTE}}$ 入力の際は、(-3.5×10^6) を括弧で囲む必要はありません。「$\boxed{(-)}$ 数値」は「負の数値」として認識されます。

A8. 2.773771228

$\boxed{\sqrt{}}$ $\boxed{\sqrt{}}$ 2 $\boxed{)}$ $\boxed{+}$ $\boxed{\sqrt{}}$ 3 $\boxed{)}$ $\boxed{)}$ $\boxed{+}$ 1 $\boxed{=}$　　　　答：2.773771228

CHAPTER 2

三角関数

いよいよ、本章からは土地家屋調査士試験に密着した内容に入っていきます。まずは三角関数から始めましょう。三角関数は測量と深い関係があり、これを理解しないことには土地家屋調査士試験の合格はおぼつかないでしょう。また、三角関数は、科学技術においても大変重要な位置を占める関数で、関数電卓の主要な機能といってもよいでしょう。本章では、三角関数の定義、直角三角形の性質、いくつかの定理を、関数電卓を叩きながら理解できるよう解説していきます。

2.1 角度の定義と角度モード

関数電卓で三角関数を扱う場合、角度には複数の単位がある点に注意を払う必要があります。1 回転の角度を何度と数えるか、普通は 360 度ですね。この単位を [deg] としましょう（英語の "度" にあたる degree の略）。一方、科学技術の世界では、これとは異なる単位が主流です。名付けてラジアン、[rad] です。1 ラジアンの定義は「半径と同じ長さの円弧を描き、その円弧を切り取る 2 本の半径のなす角を 1 rad とする」、というものです。図に描くと図 2.1 のようになります。

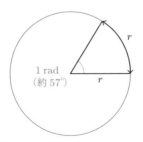

図 2.1　ラジアン [rad] の定義

あと、どの関数電卓にも必ず付いている角度の単位がグラード [grad] です。これは 1 回転を 400 で割った単位なのですが、ほとんど使われる機会はありません。

測量の世界においては、角度は馴染みのある [deg] で定義されますので、本書も

それに倣います。ところで、関数電卓は、入力された角度が [deg] で表されたもの (1 deg) なのか、ラジアンで表されたもの (1 rad) なのかをどのように判断しているのでしょうか。実は関数電卓には**角度モード**の指定があり、入力する数値がどちらの単位かを角度モードで判断しているのです。現在の角度モードは、ステータスエリアにある「D」(deg)、「R」(rad)、「G」(grad) の表示で判断できます（図 2.2）。

図 2.2　ステータスエリアに示される現在の角度モード

切り替えは以下の操作で行います。

SETUP 2 1　deg モードへ切り替え
SETUP 2 2　rad モードへ切り替え
SETUP 2 3　grad モードへ切り替え

本書では、第 1 章の冒頭で関数電卓を**リセット**しました。リセット直後の角度モードは [deg] で、以降は手動で切り替えないかぎりモードは [deg] を保ちます。したがって、角度モードのことはあまり気にしなくともよいかもしれません。

2.2　三角関数の定義

図 2.3 は直角三角形とその 3 辺の長さを表しています。この三角形の辺に対して、以下のように定義した比率を**三角比**といいます。

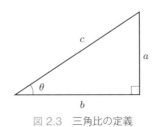

図 2.3　三角比の定義

$$\sin\theta = \frac{a}{c} \tag{2.1}$$

$$\cos\theta = \frac{b}{c} \tag{2.2}$$

$$\tan\theta = \frac{a}{b} \tag{2.3}$$

これが、三角関数のもっとも原始的な定義です。ただしこの定義では、θ は $0°$ から $90°$ までしかとることができません。もっとも有名な直角三角形といえる三角定規の角度で sin, cos, tan を計算してみましょう。三角関数は関数電卓でももっとも重要な関数の一つですから、その場所はファンクションエリアの一等地で、左から sin, cos, tan の順番に並んでいます（図 2.4）。

図 2.4　三角関数の操作キー

例題 2.1　$30°$ の sin, cos, tan を計算しなさい。

解答　$\sin 30° = 0.5$, $\cos 30° = 0.8660254038$, $\tan 30° = 0.5773502692$

sin 30 =　　　　　　　　　　　　　　　　　　　　　　　答：0.5

cos 30 =　　　　　　　　　　　　　　　　　　　　　　答：0.8660254038

tan 30 =　　　　　　　　　　　　　　　　　　　　　　答：0.5773502692

本のとおりになりましたか？　ならなかった人は、電卓の表示モードか角度モードが違うのが原因と考えられます。一度リセットして、初期状態を作りましょう（→ 1.3 節）。

次に、三角比をあらゆる角度で扱えるように定義しなおします。図 2.5 のように、$(x$–$y)$ 座標系と、原点に中心をもつ半径 r の円を考えます。このとき、三角関数は以下のように定義されます。

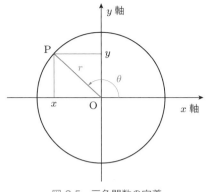

図 2.5　三角関数の定義

$$\sin \theta = \frac{y}{r} \tag{2.4}$$

$$\cos \theta = \frac{x}{r} \tag{2.5}$$

$$\tan \theta = \frac{y}{x} \tag{2.6}$$

　これならあらゆる角度で sin, cos, tan が定義できます。$90°$ を超えると三角関数はマイナスの値をとることがあります。そして、$90°$ と $270°$ では $\tan \theta$ の値は計算できません。角度 θ の関数で三角関数を表したものを図 2.6 に示します。

　また、三角関数の定義から以下の関係が成り立ちます。この関係から、$\cos \theta = 0$ になる $90°$ と $270°$ で $\tan \theta$ が計算できなくなる理由がわかります。

$$\tan \theta = \frac{\sin \theta}{\cos \theta} \tag{2.7}$$

　三角関数には、上のような易しいものから複雑なものまで、何十もの公式があります。測量に必要と思われるものを折々に紹介していきましょう。まずは、式 (2.7) の定理を関数電卓で確認してください。

例題 2.2　　$\sin 30° / \cos 30°$ が $\tan 30°$ に等しいことを確認しなさい。

解答

[sin] 30 [)] [÷] [cos] 30 [)] [−] [tan] 30 [=]　　　　　　　　　　　　答：0

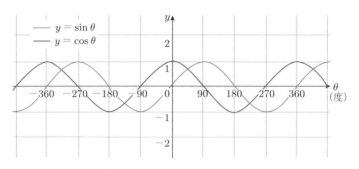

（a）$y = \sin\theta$ と $y = \cos\theta$

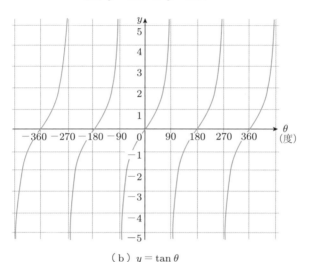

（b）$y = \tan\theta$

図 2.6　三角関数のグラフ

2.3.1　測量と三角関数

　史上初めて三角関数の性質に気がついたのは古代エジプト人といわれています。当時、エジプト人がピラミッドの高さを計算するため原始的な三角比を使っていたという証拠が見つかっています。たとえば次のような例を考えてみましょう。図 2.7 のような、高い塔の高さ h を知りたいと思ったらどうすればよいでしょうか。まず塔の基部 O からある程度離れた位置 P に立ち、地面から塔の先端を見上げた

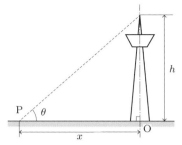

図 2.7　塔の高さを三角関数を用いて測る

ときの角度 θ を測ります。塔の基部 O から P までの距離は巻き尺などを使えば容易に測れます。そして、三角関数の定義から塔の高さは

$$h = x \tan \theta \tag{2.8}$$

ですから、塔の高さを知ることができました。これが、測量と三角関数のもっとも原始的な関係といえるでしょう。

　直角三角形があり、辺の長さをそれぞれ a, b, c とします（図 2.3）。辺 c と b に挟まれた角度を θ とすると、三角関数を使い、以下のような関係を導くことができます。

$$a = c \sin \theta \tag{2.9}$$

$$b = c \cos \theta \tag{2.10}$$

$$c = \frac{a}{\sin \theta} = \frac{b}{\cos \theta} \tag{2.11}$$

つまり、直角三角形の一つの角と一つの辺の長さがわかれば、すべての辺の長さを知ることができるわけです。これが、**三角測量**とよばれる測量の基本原理です。いくつか実例を計算してみましょう。

例題 2.3　　$c = 1.5\,\mathrm{m}$, $\theta = 35°$ の直角三角形がある。a, b の長さを計算しなさい。

解答　$a = 0.8603646545\,\mathrm{m}$, $b = 1.228728066\,\mathrm{m}$

　　　1.5 `sin` 35 `=`　　　　　　　　　　　　　　答：$a = 0.8603646545\,\mathrm{m}$

　　　1.5 `cos` 35 `=`　　　　　　　　　　　　　　答：$b = 1.228728066\,\mathrm{m}$

例題 2.4　$a = 3.5\,\mathrm{m}$, $\theta = 55°$ の直角三角形がある。b, c の長さを計算しなさい。

解答　$b = 2.450726384\,\mathrm{m}$, $c = 4.272711061\,\mathrm{m}$

3.5 ÷ `tan` 55 `=`　　　　　　　　　　　　　　　答：$b = 2.450726384$ m

3.5 ÷ `sin` 55 `=`　　　　　　　　　　　　　　　答：$c = 4.272711061$ m

2.3.2　三平方の定理

　古代エジプト人は、正確に直角三角形を作る方法もまた知っていました。現在ピタゴラスの定理ともよばれている、三平方の定理です。これは図 2.3 の直角三角形において

$$a^2 + b^2 = c^2 \tag{2.12}$$

の関係が成り立つ、という定理です。この関係を満たす整数の組を「ピタゴラス数」といい、3, 4, 5 がもっとも小さい組です。したがって、長さ 12 の紐を用意して、3, 4, 5 の長さに分かれるところに印をつけ、紐をぴんと張ればきわめて正確な直角三角形が作れます。

　三平方の定理と三角関数の定義から、明らかに

$$(\sin\theta)^2 + (\cos\theta)^2 = 1 \tag{2.13}$$

が成り立ちます。三角関数の n 乗は $\sin^n\theta$ と書く決まりですから、式 (2.13) は一般には

$$\sin^2\theta + \cos^2\theta = 1 \tag{2.14}$$

と書かれます。

例題 2.5　$\sin^2 70° + \cos^2 70°$ を計算し、1 になることを確認しなさい。

解答

`sin` 70 `)` x^2 `+` `cos` 70 `)` x^2 `=`　　　　　　　　　　　答：1

図 2.8 のように、直角三角形の直角でない片方の角を θ とすれば、もう一方の角は必ず $90° - \theta$ になります。これは、三角形一般に成り立つ「三つの内角を足すと $180°$」という定理があるからです。一般に、三角形より大きな任意の N 角形の内角の和は $180(N - 2)°$ となります。これは後の章でトラバース測量の計算をするときに再登場します。

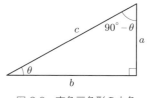

図 2.8　直角三角形の内角

話を直角三角形に戻すと、$90° - \theta$ は θ に対する**余角**とよばれます。そして三角比の定義から

$$\sin\theta = \cos(90° - \theta) \tag{2.15}$$

$$\cos\theta = \sin(90° - \theta) \tag{2.16}$$

が成り立ちます。そもそも、cos は cosine の略で、意味は co-sine すなわち「余角の正弦」なのです。この性質も覚えておくと便利に使えます。

例題 2.6　上の定理を、$\sin 30° = \cos(90° - 30°)$ を計算することで確認しなさい。

解答

| sin | 30 | = | 答：0.5 |

| cos | 90 | − | 30 | = | 答：0.5 |

2.4　逆三角関数

逆三角関数とは三角関数の逆関数です。習慣的に $\sin^{-1}$, $\cos^{-1}$, $\tan^{-1}$ と書きますが、逆数ではありません。$y = f(x)$ のとき $x = f^{-1}(y)$ と表す、逆関数の記号法

を用いているにすぎません。$\sin^{-1}$ は英語では arcsin と書き、「アークサイン」と よびます。同様に、$\cos^{-1}$ は「アークコサイン」、$\tan^{-1}$ は「アークタンジェント」 です。操作キーは当然のごとく $\boxed{\text{sin}}$, $\boxed{\text{cos}}$, $\boxed{\text{tan}}$ の裏にあります（図2.4）。まず は、具体例で計算してみましょう。

例題 2.7 $\sin^{-1} 0.5$ を計算しなさい。

解答 $30°$

$\boxed{\text{sin}^{-1}}$ 0.5 $\boxed{=}$ 　　　　　　　　　　　　　　　　　　　　　　答：$30°$

この計算の意味は何でしょうか。$\sin 30° = 0.5$ です。すなわち、$\sin^{-1} 0.5$ とは、 「sin をとったら 0.5 になるような角度を示せ」ということなのです。ここで、勘の よい人なら気づいたかもしれませんが、$\sin\theta = 0.5$ になる角度は $0°$ から $360°$ の間 に二つあります（図2.6）。関数電卓は一体どの解を選ぶのでしょうか。関数電卓が 返す逆三角関数の値は、**主値**とよばれる範囲から選ばれます。主値の範囲は $\sin^{-1}$ なら $-90° \leqq \theta \leqq 90°$、$\cos^{-1}$ なら $0° \leqq \theta \leqq 180°$、$\tan^{-1}$ なら $-90° < \theta < 90°$ です。

例題 2.8 3 辺の長さの比率が $3:4:5$ の直角三角形のほかの 2 角の大きさ を計算しなさい。

解答 $36.86989765°$, $53.13010235°$

$\boxed{\text{sin}^{-1}}$ 3 $\boxed{\div}$ 5 $\boxed{=}$ 　　　　　　　　　　　　　　　答：$36.86989765°$
$\boxed{\text{sin}^{-1}}$ 4 $\boxed{\div}$ 5 $\boxed{=}$ 　　　　　　　　　　　　　　　答：$53.13010235°$

逆三角関数のうち、$\sin^{-1}$ と $\cos^{-1}$ は入力可能な範囲が -1 から 1 の範囲に限ら れます。図2.6 の y から θ を求めるのが逆三角関数ですから、たとえば $\sin^{-1} 1.5$ に解がないのは当然ですね。試してみましょう。

例題 2.9 $\sin^{-1} 1.5$ を計算しなさい。

解答 Math Error

$\boxed{\text{sin}^{-1}}$ 1.5 $\boxed{=}$ 　　　　　　　　　　　　　　　　　　　答：Math Error

図 2.9 Math Error

　図 2.9 のような画面が出ました。これは、関数に許されない範囲の入力が与えられたときのエラーです。 AC でクリアしてしまってもよいのですが、十字キーで入力に戻れますので、入力を修正することもできます。1.5 を 0.5 に修正してみましょう。「.5」は 0.5 と同じ意味に解釈されるので、「1」を消すだけです。

　　　　　　　　　　　　　　　　　　　　　　　　　　　答：30°

2.5　正弦定理、余弦定理

　どんな三角形の辺と角に対しても成り立つ重要な二つの定理、**正弦定理**と**余弦定理**を示します。図 2.10 のような三角形があり、辺の長さを a, b, c, それに向き合う角の大きさを A, B, C としましょう。このとき以下の定理が成立します。

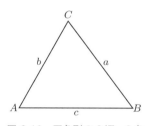

図 2.10　三角形の 3 辺、3 角

■ 正弦定理

$$\frac{\sin A}{a} = \frac{\sin B}{b} = \frac{\sin C}{c} \tag{2.17}$$

■ 余弦定理

$$a^2 = b^2 + c^2 - 2bc \cos A \tag{2.18}$$

$$b^2 = c^2 + a^2 - 2ca \cos B \tag{2.19}$$

$$c^2 = a^2 + b^2 - 2ab \cos C \tag{2.20}$$

正弦定理、余弦定理はどんな三角形でも成立する定理ですから、これらを活用すれば平面上の任意の 3 点を結んだ三角形で、未知の角度、長さを知ることができます。簡単な例を使い、正弦定理、余弦定理の活用法を示します。はじめは正弦定理から。

例題 2.10 図 2.11 のように、池に浮かぶ小島（A 点）と岸の B 点の距離を測りたい。そこで岸に C 点をとり、辺 a と角 B、角 C を測ったところ $a = 50\,\mathrm{m}$, $B = 25°$, $C = 46°$ であった。AB 間距離 c を求めなさい。

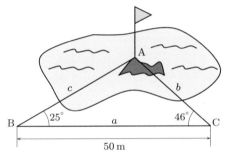

図 2.11　測量の実例（正弦定理）

解答 38.03943248 m

三角形の内角の和の定理から、角 A は $109°$ です。正弦定理から以下の関係が成立します。

$$\frac{\sin 109°}{50} = \frac{\sin 46°}{c} \tag{2.21}$$

c について解けば、

$$c = 50 \frac{\sin 46°}{\sin 109°} \tag{2.22}$$

です。

50 sin 46 ） ÷ sin 109 ＝ 　　　　　　　　　　　　答：38.03943248 m

続いて余弦定理です。次のような問題を考えます。

例題 2.11 図 2.12 のような三角形の土地がある。AB 間の距離 c を知りたいのだが、立木があるため直接長さを測ることができない。そこで辺 a, b と角 C を測ったところ $a = 50\,\text{m}, b = 22.3\,\text{m}, C = 46°$ であった。c を求めなさい。

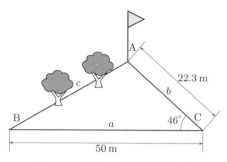

図 2.12　測量の実例（余弦定理）

解答 38.05524713 m

今度は辺二つの長さとそれを挟む角の大きさがわかっています。この状態を**二辺夾角**といい、測量ではよく出てくる条件です。余弦定理を使いましょう。

$$c^2 = 50^2 + 22.3^2 - 2 \times 50 \times 22.3 \times \cos 46° \tag{2.23}$$

√‾ 50 x^2 + 22.3 x^2 − 2 × 50 × 22.3 cos 46 =

答：38.05524713 m

ここまで来れば、本格的な測量計算まであと一歩です。

2.6　1度より小さい角度

測量では伝統的に1度未満の角度は 60 進法で数え、「分」「秒」で表記します。「東経○○度○○分」という表現は馴染みがあるのではないでしょうか？　具体的には、1度が1時間に相当する、と考えるとわかりやすいでしょう。

$$1 \, 分 = \frac{1}{60} \, 度 \tag{2.24}$$

$$1 \, 秒 = \frac{1}{60} \, 分 = \frac{1}{3600} \, 度 \tag{2.25}$$

表記方法はたとえば1度23分24秒なら「1°23′24″」です。1秒未満の角度は 10

進小数で表します。以降本書ではこの表記を**度分秒表記**とよびます。

それでは、まず度分秒表記による角度の入力から始めましょう。度分秒を入力するキー ⟨°'''⟩ は ⟨sin⟩ と同じ段、⟨x^{-1}⟩ の左にあります（図 2.13）。

図 2.13　度分秒入力キー

⟨例題⟩ 2.12　「$1°23'24''$」を入力しなさい。

⟨解答⟩

1 ⟨°'''⟩ 23 ⟨°'''⟩ 24 ⟨°'''⟩ ⟨=⟩ 　　　　　　　　　　　　　　　　　答：$1°23'24''$

ここで、「00 分」「00 秒」は以下のように省略可能です。

1 ⟨°'''⟩ 23 ⟨°'''⟩ ⟨=⟩ 　　　　　　　　　　　　　　　　　答：$1°23'00''$

1 ⟨°'''⟩ ⟨=⟩ 　　　　　　　　　　　　　　　　　　　　　　答：$1°00'00''$

度分秒の入力では、どんな場合でも、最後の ⟨°'''⟩ キーを省略するとエラーになります。また、ちょっとした裏技ですが、時、分に小数を入力すると、自動的に 60 進法に変換されます。たとえば、

1.5 ⟨°'''⟩ ⟨=⟩ 　　　　　　　　　　　　　　　　　　　　　　答：$1°30'00''$

となります。ただし、[数値] ⟨°'''⟩ [数値] ⟨°'''⟩ [数値] ⟨°'''⟩ の最後の [数値] だけは例外で、小数点以下は 10 進法を保ちます。

1 ⟨°'''⟩ 30 ⟨°'''⟩ 30.5 ⟨°'''⟩ ⟨=⟩ 　　　　　　　　　　　　　　答：$1°30'30.5''$

小数から度分秒への変換および逆変換 ─────────

次は、小数で表された角度を度分秒に変換する方法です。解が表示された状態で ○′″ キーを押すと、度分秒表記と小数表記を交互に切り替えることができます。これは解確定状態ならどんな計算結果でも例外はありません。

例題 2.13 $\sin^{-1} 0.3$ を度分秒表記で求めなさい。

解答 $17°27'27.37''$

sin⁻¹ 0.3 =	答：17.45760312
○′″	答：$17°27'27.37''$
○′″	答：17.45760312

2.6.3 **演算操作** ─────────

度分秒表記された数値といえども、遠慮は不要です。関数電卓はあくまで入力された数値、計算結果は小数で保持しており、その小数点以下を 60 進法でディスプレイに表示しているにすぎないからです。度分秒表記された数値に対して、あらゆる計算が可能です。

例題 2.14 $\sin(17°15'21'')$ を計算しなさい。

解答 0.2966388049

| sin 17 ○′″ 15 ○′″ 21 ○′″ = | 答：0.2966388049 |

fx-JP500 は、どんな小数でも ○′″ キーを押せば度分秒表記に直してしまいます。しかし、上の計算の答えを $0°17'47.9''$ と変換することには何の意味もありません。計算結果が角度という量なのか、それ以外の量なのかの判断はユーザーに任されています。

角度どうしの計算については、角度どうしの加算、減算と、角度の実数倍、実数での割り算は度分秒表記を保ちます。ただし、これは「数学自然表示入出力モード」、「ライン表示入出力モード」の場合だけで、**数学自然表示入力／小数出力モード**の場合、計算結果はつねに小数に変換されます。

例題 **2.15**　$15°06' - 12°30'$ を計算し、解を 3 で割りなさい。

解答　$0°52'00''$

15 ⊙'" 06 ⊙'" ﹣ 12 ⊙'" 30 ⊙'" ＝　　　　答：$2°36'00''$

÷ 3 ＝　　　　　　　　　　　　　　　　　　答：$0°52'00''$

[NOTE]　解確定状態から演算キーを押せば、直前の解から出発して新しい計算ができます（→ 3.1 節）。

演習問題

Q1.　$1\,\mathrm{rad}$ は $180/\pi$ 度である。これは何度何分何秒か計算しなさい。

Q2.　1 日を 100 等分すると、それぞれがどれくらいの時間になるか。分、秒の単位で答えなさい。

Q3.　図 2.14 の直角三角形における x を求めなさい。

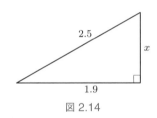

図 2.14

Q4.　ピラミッドのような、頂点の真下から P 点までの距離が測れない対象物の場合、適当に離れた P_1 点、P_2 点で仰角を測って高さ h を計算する方法がある（図 2.15）。
(1) ピラミッドの真下から P_1 点までの距離を x_1、P_2 までの距離を x_2 として、x_1, x_2 を h, θ_1, θ_2 を使って表しなさい。
(2) $x = x_1 - x_2$ の関係と (1) で求めた関係を使い、h を x, θ_1, θ_2 で表しなさい。
(3) 図に与えられた量から h を求めなさい。

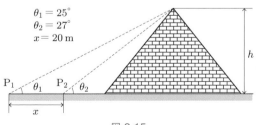

$\theta_1 = 25°$
$\theta_2 = 27°$
$x = 20\,\mathrm{m}$

図 2.15

Q5. 光の屈折の法則によれば、入射光線と射出光線の角度の間には以下の関係がある。

$$n_1 \sin \theta_1 = n_2 \sin \theta_2 \tag{2.26}$$

では、屈折率 $n_1 = 1.0$ の空中から屈折率 $n_2 = 1.33$ の水中に $\theta_1 = 35°$ で入射光線が入射するとき、θ_2 を求めなさい。

Q6. 図 2.16 の x を求めなさい。

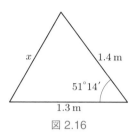

図 2.16

Q7. 図 2.17 の x を求めなさい。

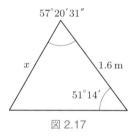

図 2.17

Q8. 図 2.18 の角度 β_2 を知りたいが、A 点を見通すことができない、代わりに距離 e だけ離れた P 点を設定し、角度 β_1 と角度 β_2' を計測した。

(1) L が 20 m と知られているとき、β_2 を求めなさい。

(2) L が未知であったので、代わりに L' を計測したところ 24.6 m であった。β_2 を

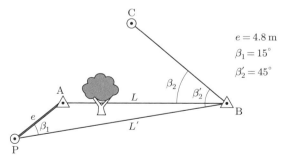

図 2.18

求めなさい。

　ただし、おのおのの距離、角度は図に示されたとおりである。

（平成 26 年度測量士補試験より改題）

▬▬ 演習問題解答 ▬▬

A1. $57°17'44.81''$

$$180 \div \boxed{\pi} \boxed{=} \boxed{°\,'\,''}$$
答：$57°17'44.81''$

A2. 14 分 24 秒

$$24 \div 100 \boxed{=} \boxed{°\,'\,''}$$
答：$0°14'24''$

　関数電卓の度分秒機能は、「時分秒」の計算にも使えます。24 を 100 で割り、度分秒変換すれば解答が得られます。

A3. 1.624807681

　二つの方法が考えられます。一つ目は三平方の定理を使う方法。

$$\boxed{\sqrt{\square}}\ 2.5\ \boxed{x^2}\ \boxed{-}\ 1.9\ \boxed{x^2}\ \boxed{=}$$

もう一つの方法は、長さのわかっている 2 辺の夾角を求め、三角関数を使う方法です。

$$2.5\ \boxed{\sin}\ \boxed{\cos^{-1}}\ 1.9\ \div\ 2.5\ \boxed{=}$$

この計算を、メモも使わずに一気にやるのは難しいでしょう。ステップを踏んで以下のように計算する方法がおすすめです。

■ Step 1　夾角をとる

$$\boxed{\cos^{-1}}\ 1.9\ \div\ 2.5\ \boxed{=}$$
答：$40.53580211°$

■ Step 2　正弦をとる

$$\boxed{\sin}\ \boxed{=}$$
答：0.6499230724

■ Step 3　斜辺の長さを掛ける

$$\boxed{\times}\ 2.5\ \boxed{=}$$
答：1.624807681

A4. (1) $x_1 = \dfrac{h}{\tan\theta_1}$, $x_2 = \dfrac{h}{\tan\theta_2}$

(2) $x = \dfrac{h}{\tan\theta_1} - \dfrac{h}{\tan\theta_2}$ を変形して、$h = \dfrac{x}{\dfrac{1}{\tan\theta_1} - \dfrac{1}{\tan\theta_2}}$

(3) 109.9526893 m

$$20 \div \boxed{(}\ 1 \div \boxed{\tan}\ 25\ \boxed{)}\ \boxed{-}\ 1 \div \boxed{\tan}\ 27\ \boxed{=}$$
答：109.9526893 m

A5.　25.5475799°

$$\boxed{\sin}\ 35\ \boxed{)}\ \boxed{\div}\ 1.33\ \boxed{=}\ \boxed{\sin^{-1}}\ \boxed{=}$$
　　　　　　　　　　　　　　　　　　　　　　　　　　　答：25.5475799°

A6.　1.170817189 m

$$\boxed{\sqrt{\Box}}\ 1.4\ \boxed{x^2}\ \boxed{+}\ 1.3\ \boxed{x^2}\ \boxed{-}\ 2\ \boxed{\times}\ 1.4\ \boxed{\times}\ 1.3\ \boxed{\times}\ \boxed{\cos}\ 51\ \boxed{\circ\,'\,''}$$
$$14\ \boxed{\circ\,'\,''}\ \boxed{=}$$
　　　　　　　　　　　　　　　　　　　　　　　　　　　答：1.170817189 m

A7.　1.316083948 m

$$1.6\ \boxed{\div}\ \boxed{\sin}\ 180\ \boxed{-}\ 51\ \boxed{\circ\,'\,''}\ 14\ \boxed{\circ\,'\,''}\ \boxed{-}\ 57\ \boxed{\circ\,'\,''}\ 20\ \boxed{\circ\,'\,''}$$
$$31\ \boxed{\circ\,'\,''}\ \boxed{)}\ \boxed{\times}\ \boxed{\sin}\ 51\ \boxed{\circ\,'\,''}\ 14\ \boxed{\circ\,'\,''}\ \boxed{=}$$
　　　　　　　　　　　　　　　　　　　答：1.316083948 m

A8.　(1)　41.43868994°

　　　正弦定理を使えば、$\dfrac{\sin(\beta_2' - \beta_2)}{e} = \dfrac{\sin \beta_1}{L}$ が導かれます。

$$45\ \boxed{-}\ \boxed{\sin^{-1}}\ \boxed{\sin}\ 15\ \boxed{)}\ \boxed{\div}\ 20\ \boxed{\times}\ 4.8\ \boxed{=}$$
　　　　　　　　　　　　　　　　　　　　　答：41.43868994°

　　(2)　41.43907748°

　　　余弦定理を使えば、$L = \sqrt{L'^2 + e^2 - 2L'e \cos \beta_1}$ が導かれます。L がわか
　　れば後は (1) と同様の手順です。

$$\boxed{\sqrt{\Box}}\ 24.6\ \boxed{x^2}\ \boxed{+}\ 4.8\ \boxed{x^2}\ \boxed{-}\ 2\ \boxed{\times}\ 24.6\ \boxed{\times}\ 4.8\ \boxed{\times}\ \boxed{\cos}\ 15\ \boxed{=}$$
　　　　　　　　　　　　　　　　　　　　　　　　　答：20.0021738 m

$$45\ \boxed{-}\ \boxed{\sin^{-1}}\ \boxed{\sin}\ 15\ \boxed{)}\ \boxed{\div}\ \boxed{Ans}\ \boxed{\times}\ 4.8\ \boxed{=}$$
　　　　　　　　　　　　　　答：41.43907748°

　　こういったシチュエーションは測量ではよくあることで、**偏心観測**とよばれ
　ています。

CHAPTER 3

繰り返しとメモリー

測量計算でとても多いのが、得られた解をさらに別の関数に入力したり、算出した座標を別の問題で再び利用したりする計算です。これをノートにメモして、いちいち数値キーで入力するのは面倒ですし、間違いのもとにもなります。本章では計算結果や計算手順を記憶、再利用するさまざまな方法について解説していきます。

3.1 直前の計算結果を利用する

この機能は、すでに前章までで何回か使ってきましたが、次節の Ans 機能と併せてもう一度理解を深めておきましょう。例として次の簡単な計算を考えます。

$$30 \times 2 = 60 \tag{3.1}$$

30 × 2 =   答：60

ここで cos = と押すと、表示は図 3.1 のように cos(Ans となります。

cos =   答：0.5

Ans にはつねに直前の答えが入っており、この計算は $\cos 60°$ を意味しています。この Ans を「ラストアンサー」とよびます。ラストアンサーは、直前の答えに直接関数を作用させる場合は、たとえば

図 3.1　自動的に補われる Ans キー操作

2 × 3 =　　　　　　　　　　　　　　　　　　　　　答：6

x^2 =　　　　　　　　　　　　　　　　　　　　　答：36

x^{-1} =　　　　　　　　　　　　　　答：0.02777777778

のように関数キーを押すたび自動的に現れます。しかし、ラストアンサーを途中で
使いたいこともあるでしょう。そういう場合はラストアンサーキーを使います。

3.2 　ラストアンサーキー

　ラストアンサーキーは、前節で説明した**ラストアンサー**を数式の任意の場所で使
う機能です。ラストアンサーキー Ans はイコールキーの左です。関数電卓で直前
の計算結果を利用するときは、3.1 節のようにいきなり関数キーを押すこともでき
ますが、慣れないうちは積極的に Ans キーを使ったほうがよいでしょう。たとえ
ば式 (3.1) の解から cos(Ans) を求める計算は、

30 × 2 =　　　　　　　　　　　　　　　　　　　　答：60

cos Ans =　　　　　　　　　　　　　　　　　　　答：0.5

とやってもまったく同じ意味になります。 Ans キーを使うと、一見簡単なようで
難しい以下のような計算も、楽々行うことができます。

$$2 \times 3 \tag{3.2}$$

2 × 3 =　　　　　　　　　　　　　　　　　　　　　答：6

↓

$$3 \div (\text{Ans}) \tag{3.3}$$

3 ÷ Ans =　　　　　　　　　　　　　　　　　　　答：0.5

↓

$$1.5 - (\text{Ans}) \tag{3.4}$$

1.5 − Ans =　　　　　　　　　　　　　　　　　　　答：1

　ラストアンサーは一種のメモリー（→ 3.3 節）のように使うことができます。直
前の計算の結果を何度も使うような計算では、解をメモリーに記憶させることでも
実行できますが、ラストアンサーを使って手早くやってしまいましょう。そのよう
な計算の例として、三角形の 3 辺の長さから面積を求める「ヘロンの公式」とよば
れる公式があります。以下の問題を解いてください。

例題 3.1 図 3.2 のように三角形の 3 辺の長さ a, b, c がわかっているとき、面積 S は以下の**ヘロンの公式**で計算できる。

$$S = \sqrt{s\,(s-a)\,(s-b)\,(s-c)} \tag{3.5}$$

$$\text{ただし } s = \frac{1}{2}\,(a+b+c) \tag{3.6}$$

$a = 2, b = 3, c = 4$ のとき三角形の面積を求めなさい。

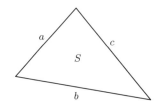

図 3.2　ヘロンの公式で面積を求める

解答 2.90473751

0.5 **(** 2 **+** 3 **+** 4 **=**　　　　　　　　　　　　　　　　　　　　　　　　答：4.5

√■ Ans **(** Ans **−** 2 **)** **(** Ans **−** 3 **)** **(** Ans **−** 4 **=**

　　　　　　　　　　　　　　　　　　　　　　　　　　　　　　　　　答：2.90473751

3.3 メモリーの利用

　覚えさせたい数値が二つ以上あるときは、**メモリー**を使います。fx-JP500 には A, B, C, D, E, F, M, X, Y の 9 個のメモリーがあります。図 3.3 を見てください。印刷ではわかりにくいですが、赤い文字でキーの上に **A** ~ **F**, **M**, **X**, **Y** の表示があることがわかります。十字キーの左の **ALPHA** キーもメモリー操作に関係する重要なキーです。メモリー A~F は単に数値を覚えさせる目的に使われますが、メモリー M, X, Y には、それ以外に特別な機能が割りあてられています。

　メモリー M には計算結果をどんどん加算していく「加算メモリー」の機能が備わっています。ファンクションエリアに **M+** キーがありますが、押されるたびに現在の計算の答えがメモリー M に加わります。メモリー X, Y は、第 4 章で学ぶ「座標変換」の計算の解が入ります。やはり座標といえば x, y ということからこの名前が付けられたのでしょう。これら、特殊な機能をもたせたメモリーも、数値を

図 3.3　メモリー操作キー

入れるメモリーとしての機能は A～F と変わりませんから、これらを使っても一向
にかまいません。

　メモリーに値を入れるには、`=` の代わりにたとえば `STO` `A` と入力します*。こ
こで、`A` は `ALPHA` と同じ色でキーの上に書かれていますが、値を代入する際には
`ALPHA` を押す必要はありません。キー操作をキー表面に書かれた文字で表示す
ると、

　　　`STO` `(−)`　　（キー表面に書かれた文字で表示）

となります。一方、数式中でメモリーを使うには、`RECALL` `A` あるいは `ALPHA`
`A` を使います。`RECALL` は `STO` の裏にあります。

　　　`SHIFT` `STO` `(−)`　　（キー表面に書かれた文字で表示）
　　　`ALPHA` `(−)`　　　　　（キー表面に書かれた文字で表示）

　結果はどちらでも同じですが、`RECALL` キーの場合は、キーの操作が一つ増える
代わりにメモリーに蓄えられている数値一覧が表示されるという特徴があります

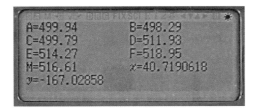

図 3.4　`RECALL` キーでメモリーの内容一覧を呼び出す

---

*　間違えて `=` を押してしまった場合は、そこから `STO` `A` と入力すれば大丈夫です。

（図 3.4）。本書では、以降は $\boxed{\text{ALPHA}}$ $\boxed{\text{A}}$ 方式を使います。

はじめに、例題 3.1 を、メモリーを使って計算してみましょう。

例題 3.2 図 3.2 の三角形において $a = 2$, $b = 3$, $c = 4$ である。面積を求めなさい。

解答 2.90473751

0.5 $\boxed{(}$ 2 $\boxed{+}$ 3 $\boxed{+}$ 4 $\boxed{\text{STO}}$ $\boxed{\text{A}}$　　　　　　　　　　　　答：4.5

$\boxed{\sqrt{}}$ $\boxed{\text{ALPHA}}$ $\boxed{\text{A}}$ $\boxed{(}$ $\boxed{\text{ALPHA}}$ $\boxed{\text{A}}$ $\boxed{-}$ 2 $\boxed{)}$ $\boxed{(}$ $\boxed{\text{ALPHA}}$ $\boxed{\text{A}}$ $\boxed{-}$ 3 $\boxed{)}$

$\boxed{(}$ $\boxed{\text{ALPHA}}$ $\boxed{\text{A}}$ $\boxed{-}$ 4 $\boxed{=}$　　　　　　　　　　　　　答：2.90473751

以降は、数式中でメモリーを使うときは単に $\boxed{\text{A}}$ $\boxed{\text{B}}$ などと表記しますが、実際には上記のように $\boxed{\text{ALPHA}}$ $\boxed{\text{A}}$ と入力します。

次に、複数のメモリーを使う例を考えます。

例題 3.3 図 3.5 に示されるように、$(x\text{-}y)$ 座標系におかれた 3 点で囲まれる三角形の面積を計算しなさい。

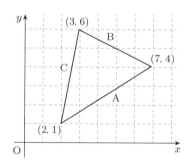

図 3.5　$(x\text{-}y)$ 座標上で表された三角形の面積を求める

解答 11

3 個以上の点の座標が与えられており、それらで囲まれた面積を計算する方法はいくつかあります。測量でよく使われる方法は 5.8 節で学びますが、ここでは前掲のヘロンの公式を使います。まずは、3 辺の長さの計算です。$(x\text{-}y)$ 座標系の 2 点 (x_1, y_1)–(x_2, y_2) 間の距離は以下の公式で求めることができます。

$$L = \sqrt{(x_2 - x_1)^2 + (y_2 - y_1)^2} \tag{3.7}$$

本当は、$(x\text{--}y)$ 座標で 2 点が与えられたときの点間の距離を計算するのは「座標変換機能」を使ったほうが楽なのですが、これは 4.2 節までとっておきましょう。ここでは、式 (3.7) を使い、3 辺の長さをメモリー A, B, C に入れていきます。

$\boxed{\sqrt{\square}}$ $\boxed{(}$ $\boxed{7}$ $\boxed{-}$ $\boxed{2}$ $\boxed{)}$ $\boxed{x^2}$ $\boxed{+}$ $\boxed{(}$ $\boxed{4}$ $\boxed{-}$ $\boxed{1}$ $\boxed{)}$ $\boxed{x^2}$ $\boxed{\text{STO}}$ $\boxed{\text{A}}$　　　　答：5.830951895

$\boxed{\sqrt{\square}}$ $\boxed{(}$ $\boxed{3}$ $\boxed{-}$ $\boxed{7}$ $\boxed{)}$ $\boxed{x^2}$ $\boxed{+}$ $\boxed{(}$ $\boxed{6}$ $\boxed{-}$ $\boxed{4}$ $\boxed{)}$ $\boxed{x^2}$ $\boxed{\text{STO}}$ $\boxed{\text{B}}$　　　　答：4.472135955

$\boxed{\sqrt{\square}}$ $\boxed{(}$ $\boxed{2}$ $\boxed{-}$ $\boxed{3}$ $\boxed{)}$ $\boxed{x^2}$ $\boxed{+}$ $\boxed{(}$ $\boxed{1}$ $\boxed{-}$ $\boxed{6}$ $\boxed{)}$ $\boxed{x^2}$ $\boxed{\text{STO}}$ $\boxed{\text{C}}$　　　　答：5.099019514

あとは、ヘロンの公式を、メモリーの値を呼び出しながら適用します。

0.5 $\boxed{(}$ $\boxed{\text{A}}$ $\boxed{+}$ $\boxed{\text{B}}$ $\boxed{+}$ $\boxed{\text{C}}$ $\boxed{=}$　　　　答：7.701053682

$\boxed{\sqrt{\square}}$ $\boxed{\text{Ans}}$ $\boxed{(}$ $\boxed{\text{Ans}}$ $\boxed{-}$ $\boxed{\text{A}}$ $\boxed{)}$ $\boxed{(}$ $\boxed{\text{Ans}}$ $\boxed{-}$ $\boxed{\text{B}}$ $\boxed{)}$ $\boxed{(}$ $\boxed{\text{Ans}}$ $\boxed{-}$ $\boxed{\text{C}}$ $\boxed{=}$　　　答：11

3.4　数式プレイバックと数式の編集

3.4.1　数式履歴の呼び出し

　fx-JP500 を含め、現在主流の「自然表示」タイプの関数電卓には、必ず**数式プレイバック**の機能がついています。これは直前に行われた計算を呼び出してもう一度使える、という機能です。同じような計算を、数値を変えて繰り返す土地家屋調査士試験においては、使いこなせば強力な武器になります。次のような問題を考えましょう。

例題 3.4　$(x\text{--}y)$ 座標系におかれた次の 3 点で囲まれる三角形の面積を計算しなさい。

$$(3, 3)\quad (8, 4)\quad (1, 6)$$

解答　8.5

　例題 3.3 と同じような問題ですが、座標が違います。座標のみを書き換えれば同じ手順が使えるわけですから、直前に行った面積計算の手順を再利用します。まず、辺 A の計算を呼び出してください。$\boxed{\uparrow}$ キーを、$\sqrt{((7-2)^2 + \cdots}$ の表示が出てくるまで何度か押します。

$\boxed{\uparrow}$（4 回）

続いて、→ キーまたは ← キーを押せば数式編集モードになります。→, ←
の違いは、式の編集が先頭からになるか、末尾からになるかの違いです。今回は
→ キーで先頭から行きましょう。すると、数式表示エリアに点滅する縦の棒が現
れました。これを**カーソル**とよびます。

3.4.2 「挿入モード」と「上書きモード」による数式の編集 ─────

カーソルが縦棒「|」のとき、fx-JP500 は**挿入モード**になっています。このとき、
新たに入力された数字や関数は、カーソルの位置に割り込むように表示されます。
たとえば、「7 − 2」を「8 − 3」に変更したければ、カーソルを「7 − 2」末尾まで移
動し（図3.6）、

→ （6回）

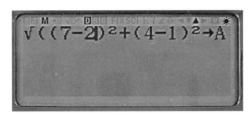

図3.6　例題3.3の辺 A の計算を呼び出して変更する。まずは「7 − 2」まで移動。

DEL キーで「7 − 2」を消します（図3.7）。DEL は AC の左、黄色の目立つキー
です。

DEL DEL DEL

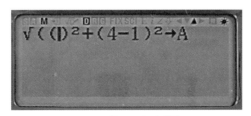

図3.7　「7 − 2」を削除

続いて、新しい x 座標の計算、「8 − 3」を入力します（図3.8）。同じ要領で、y
座標の計算「4 − 1」も「4 − 3」に書き換えましょう。最後は = キーで仕上げです。

図 3.8 「8 − 3」を入力

8 ⊟ 3 → (7 回) DEL 3 =   答：5.099019514

　これで、メモリー A には新しい座標で計算した辺 A の長さが入ります。最後は
= キーで締めるのがポイントです。数式履歴には STO A と書かれていますので、
答えは自動的にメモリー A に入ります。

　しかし、fx-JP500 を「ライン表示入出力モード」で使っている私たちは、もっ
と楽に数式を編集することができます。それが**上書きモード**です。もう一度、↑
キーで $\sqrt{((7-2)^2 + \cdots}$ を呼び出し、→ で数式編集モードに入り、ここで

SHIFT DEL

と操作します。DEL キーの裏は INS で、これは、入力の「挿入モード」と「上書
きモード」を交互に切り替える機能です。「上書きモード」では、カーソルが「＿」
に変わり、数字や記号の真下に表示されます。

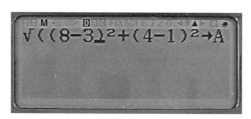

図 3.9 「上書きモード」による編集

　「上書きモード」では、入力された文字はカーソルの位置の文字と置き換わりま
す。つまり、「7 − 2」を「8 − 3」に変更したければ、「7」までカーソルを移動して、

8 ⊟ 3 （または 8 → 3）

と打つだけです。ついでに後ろの「4 − 1」を「4 − 3」に変え、= で数式を確定し
てください。

→ (6回) **1** **=**　　　　　　　　　　　　　　　　　　　答：5.099019514

　かなり手数が減ることがわかります。同じような数式の数値のみを変えて再利用するときは、「上書きモード」を積極的に利用してください。「挿入モード」と「上書きモード」は、**AC** を押しても、電源を切っても保存されます。新規の数式入力はどちらのモードでも手順は変わりません。したがって、以降は、入力モードは基本的に「上書きモード」を保ってよいと思います。

　計算を続けます。次は、数式履歴を遡り、B の計算を行います。以降は、数値の置き換えを $(7 - 2 \Rightarrow 8 - 3)$ のように表記します。

↑ (4回) **→**
$(3 - 7 \Rightarrow 1 - 8)$ **=**　　　　　　　　　　　　　　　答：7.280109889

続いて、C の計算を行います。

↑ (4回) **→**
$(2 - 3 \Rightarrow 3 - 1)$ **→** $(1 - 6 \Rightarrow 3 - 6)$ **=**　　　　　　答：3.605551275

　最後に、ヘロンの公式の計算を繰り返しますが、これはただ数式を呼び出して **=** キーを押すだけです。まず s の計算式が出るまで数式を遡りましょう（図 3.10）。この状態で表示されているのは、前回の計算結果です。**=** を押すと結果が更新されます。

↑ (4回) **=**　　　　　　　　　　　　　　　　　　　　　答：7.992340339

図 3.10　ヘロンの公式を再利用する。まずは s の計算。直前の計算結果 7.701053682 が
　　　　表示されるが、**=** を押すと新しい A, B, C に基づいて計算した値が表示される。

　続いて、ヘロンの公式が出るまで数式を遡り、数式が出てきたら **=** を押します
（図 3.11）。

↑ (4回) **=**　　　　　　　　　　　　　　　　　　　　　答：8.5

図 3.11　続いて、ヘロンの公式を呼び出し、■ を押す。

これで計算終了です。最初から一つずつ打ち直すより断然楽に計算ができます。

こうなると欲が出て、よく使う数式を記憶するメモリーがないか、と考えるところです。もちろん、そういった機能をもつ関数電卓は存在しますが、土地家屋調査士試験では数式をメモリーに記憶する機能がある関数電卓の持ち込みは認められていません。上で行った計算の履歴は、残念ながら計算モードを切り替えるか、電源を切ると消えてしまいます。

━━━━━━ **演習問題** ━━━━━━

Q1.　■ を押すだけで表示される数値が 1 ずつカウントアップする、簡易カウンターを実現する操作を示しなさい。

Q2.　表 3.1 の各行で、「X_i」と「$Y_{i-1} - Y_{i+1}$」を掛けたものを「$X_i(Y_{i-1} - Y_{i+1})$」列に書き込みつつ、それらの合計を求めなさい。

NOTE　M+ キーを使います。

表 3.1

X_i	$Y_{i-1} - Y_{i+1}$	$X_i(Y_{i-1} - Y_{i+1})$
12.6	−5.0	
14.6	−6.0	
18.6	5.0	
22.6	6.0	
合計		

Q3.　はじめに以下の手順どおりに操作しなさい（意味は 4.2 節で説明する）。

SHIFT + 1 SHIFT) √■ 3 ■　　　　　　答：$r = 2, \theta = 60$

（数式表示エリアには、Pol (1, √ (3 と表示される）

すると、メモリー X に 2、メモリー Y に 60 が入る。以下の操作で確認しなさい。

RECALL

これらの値は同様の計算を行うと上書きされてしまうので、現在のメモリー X, Y の値をメモリー A, B にそれぞれコピーし、その結果を確認しなさい。

Q4. 3 辺の長さがそれぞれ 1.193, 3.044, 2.098 の三角形がある。面積を計算しなさい。ただし、3 辺の長さをメモリーに代入してから公式を適用すること。

Q5. 図 3.12 に示すように三角形の角 A、角 C およびそれらに挟まれる辺 b が定義されている。表 3.2 の数値を用い、No.1 から No.3 までの三角形の辺 c を計算しなさい。

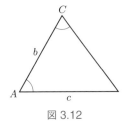
図 3.12

表 3.2

No.	角 A	角 C	辺 b
1	40°	50°	3
2	50°	60°	4
3	60°	70°	5

Q6. 二次方程式の根の公式は次のようなものである。ここで複号 (±) は、ここがプラスになる根とマイナスになる根の 2 通りがあることを示す。

$$x = \frac{-b \pm \sqrt{b^2 - 4ac}}{2a} \tag{3.8}$$

(1) $a = 2, b = 4, c = 1$ をメモリーに代入してから、複号が正の根を計算しなさい。

(2) 数式履歴を利用し、複号が負の根を計算しなさい。

Q7. $\sqrt{2 + \sqrt{2 + \sqrt{2 + \sqrt{2 + \cdots}}}}$ は、無限に計算すると 2 になることが知られている。以下の手順でこれを確認しなさい。

(1) $\sqrt{2}$ を計算

(2) $\sqrt{2 + \mathrm{Ans}}$ を計算

(3) 数式履歴で (2) を繰り返し計算

Q8. 円周率 π を求める公式に以下のようなものがある。

$$\frac{2}{\pi} = \sqrt{\frac{1}{2}} \times \sqrt{\frac{1}{2} + \frac{1}{2}\sqrt{\frac{1}{2}}} \times \sqrt{\frac{1}{2} + \frac{1}{2}\sqrt{\frac{1}{2} + \frac{1}{2}\sqrt{\frac{1}{2}}}} \times \cdots$$

電卓の精度いっぱいまでこれを計算して π を求めなさい。

NOTE ヒント：メモリー A に 1 を、B に $\sqrt{\frac{1}{2}}$ を入れ、B × A ⇒ A を計算。次に $\sqrt{\frac{1}{2} + \frac{1}{2}B}$ ⇒ B を計算。これを繰り返す。

演習問題解答

A1. ⬜0⬜ **=** **+** **1** **=**

あとは **=** を押すだけで Ans + 1 が実行され、解が 1 ずつ増えていきます。

A2. 78

⬜0⬜ **STO** **M**

NOTE メモリー M に 0 を入れることによりクリアしています。すべてのメモリーをクリアする操作は **SHIFT** **9** **2** **=** です。

12.6 **×** **(−)** **5** **M+** 答：-63

以下同様。

合計を見る操作は **RECALL** または **M** **=**

表 3.3

X_i	$Y_{i-1} - Y_{i+1}$	$X_i(Y_{i-1} - Y_{i+1})$
12.6	-5.0	-63
14.6	-6.0	-87.6
18.6	5.0	93
22.6	6.0	135.6
合計		78

A3. **X** **STO** **A** X の値を A に入れる

Y **STO** **B** Y の値を B に入れる

RECALL 確認作業

A4. 0.9088888048

1.193 **STO** **A** **3.044** **STO** **B** **2.098** **STO** **C** メモリーに数値を入れる

0.5 **(** **A** **+** **B** **+** **C** **=** s の計算 答：3.1675

√ **Ans** **(** **Ans** **−** **A** **)** **(** **Ans** **−** **B** **)** **(** **Ans** **−** **C** **=**

答：0.9088888048

A5. 表 3.4 のとおり。

表 3.4

No.	辺 c
1	2.298133329
2	3.68641994
3	6.133407985

正弦定理を使います。辺 c を求める公式は

$$c = \frac{b \sin C}{\sin(180° - A - C)} \tag{3.9}$$

です。

3 `sin` 50 `)` `÷` `(` `sin` 180 `−` 40 `−` 50 `=`　　　　　答：2.298133329

No.2、No.3 の計算は、数式履歴機能を使って省力化します。

`→` $(3 \Rightarrow 4)$ `→` $(50 \Rightarrow 60)$ `↓` $(40 - 50 \Rightarrow 50 - 60)$ `=`

答：3.68641994

`→` $(4 \Rightarrow 5)$ `→` $(60 \Rightarrow 70)$ `↓` $(50 - 60 \Rightarrow 60 - 70)$ `=`

答：6.133407985

A6. (1) -0.2928932188

2 `STO` `A` 4 `STO` `B` 1 `STO` `C`

`(` `(` `(−)` `B` `+` `√` `B` `x²` `−` 4 `A` `C` `)` `)` `÷` 2 `A` `=`

答：-0.2928932188

(2) -1.707106781

`→` (`+` $\Rightarrow$ `−`) `=`　　　　　　答：-1.707106781

A7.　　　第 1 項　　`√` 2 `=`

　　　　第 2 項　　`√` 2 `+` `Ans` `=`

　　　　第 3 項　　`=`

　　　　第 4 項　　`=`

　　　　第 5 項　　`=`

　　　　　　　$\vdots$

以下繰り返し。15 回目で答えは「2」になります。

A8.　　　初期設定　　1 `STO` `A` `√` 0.5 `STO` `B`

　　　　A の更新　　`B` `A` `STO` `A`

　　　　B の更新　　`√` 0.5 `(` 1 `+` `B` `STO` `B`

　　　　繰り返し　　`↑` `=` `↑` `=`

　　　　繰り返し　　`↑` `=` `↑` `=`

　　　　　　　$\vdots$

繰り返すうちに $\sqrt(0.5(1 + B \Rightarrow B$ の答えが 1 になります。これで計算が収束しました。次に、$BA \Rightarrow A$ の答えの逆数をとり、2 を掛けてみます。

`x⁻¹` `×` 2 `=`　　　　　　　　　　答：3.141592654

CHAPTER 4

トラバース測量

いよいよ、本章からは実際の測量計算の問題にとりくみます。そのために、まずは必要最低限の測量用語の解説から始めましょう。

4.1 測量の専門用語

土地家屋調査士試験で出題される測量の問題は主に「トラバース測量」という測量手法に関するものです。よく、工事現場で三脚に乗った光学機器を覗き込んでいる作業員の人を見かけますね（図 4.1）。あれは**トータルステーション**という機械で、離れた場所に置かれた光学的な目標点（プリズム）までの距離、角度を正確に測ることができます。

図 4.1　トータルステーションによる距離、角度の計測

図 4.2 は、トータルステーションを使った測量結果の一例を示しています。このように、地形上のいくつかの点を、それらの距離と相対角度を測定しながらつないでいくことで、各点の座標を計測する手法を、**多角測量**または**トラバース測量**とよびます。すべての点の位置関係は、点を結ぶ線の長さとそれらのなす角が定まっていれば曖昧さなく決定することができますので、結果としてすべての点の座標を決定することができます。なお、厳密な話をすれば各点の標高（鉛直方向の位置）は

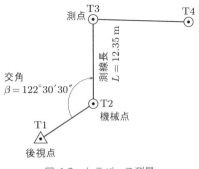

図 4.2　トラバース測量

異なるため、生の計測値（**斜距離**）を、すべての点が同一平面上にあるとしたときの**水平距離**に換算する計算が必要です。一方、現在までに出題された土地家屋調査士試験の問題は、

▶ 斜距離と水平距離の関係に関する問題
▶ 水平距離が与えられ、そこから測量計算を行う問題

に明確に分かれています。本書では、距離とは水平距離である、として進めていきます。

　トータルステーションを据える点を**機械点**とよびます。トラバース測量は測量によって点と点を結んでいくわけですが、これから測定する点を**測点**、その一つ前の、角度の基準となる点を**後視点**とよびます。また、点にはそれぞれ**図 4.2** のように、アルファベットと数字で区別が付けられます。点と点を結ぶ線分を**測線**、測線の長さを**測線長**とよびます。

　測量によりその座標を決定するべき測点を**新点**とよび、あらかじめ座標がわかっている点を**既知点**とよびます。道端に埋め込まれた図 4.3 のような 鋲 を見たことがある人も多いでしょう。あれは、あらかじめ国土交通省や地方自治体がその座標を計測して公表している点で、このように公的機関から座標が供給されている既知点を**基準点**とよびます。測量とは、少なくとも一つの基準点の座標をよりどころにして、複数の新点の座標を決める作業、と言い換えることができるでしょう。

　トラバース測量は、図 4.4 のように既知点△から出発し、次々と新点⊙までの角度や測線長を求めていきます。点の結び方によって、測線が多角形で閉じている**閉合トラバース測量**と、もとの既知点に戻らず測線が閉じない**開放トラバース測量**に分かれます。閉合トラバース測量は、後述のように測線が閉じているかどうかで測

図 4.3 基準点

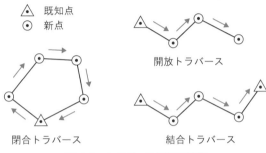

図 4.4 トラバース測量の種類

量結果の正確さを判定することができますが、開放トラバースはそれができないため、精度を要求されない測量にのみ使われます。ただし、開放トラバースのうち、両端の点が既知点のものを**結合トラバース**といい、これは閉合トラバースと同様に測量結果の精度が評価できます。

　図 4.2 に示されるように、機械点を支点にして、後視点方向と測点方向のなす角は**交角**または**夾角**とよばれます。本書では以降は「交角」で統一しましょう。測量では、角度は度分秒表記で表されるのが慣例です。2 直線のなす交角は図 4.5 のように二つ定義できますが、当然、

$$\beta + \beta' = 360° \tag{4.1}$$

の関係が成立します。度分秒の計算の復習として、以下の問題を計算してみましょう。

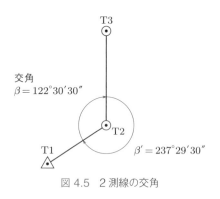

図 4.5　2 測線の交角

例題 4.1　図 4.5 の二つの角度を足して 360° になることを確認しなさい。

解答

122 [°′″] 30 [°′″] 30 [°′″] + 237 [°′″] 29 [°′″] 30 [°′″] =

答：360°00′00″

　原則として、交角の計測は後視点側の測線を基準に、時計回りに行います。角度を表す円弧に矢印があるのはその意味です。よび方は「角 T1T2T3」または「∠T1T2T3」で、これらは**図 4.5** の交角 β です。一方、「∠T3T2T1」といったら、これは交角 β' を表します。

　続いて**方位角**と**方向角**です。方位角とは、ある測線の真北方向（まっすぐ北極点に向かう子午線方向）を基準にして時計回りに測った角度です。それに対して方向角は、測量図面に定義された座標軸の X 方向を基準にして時計回りに測った角度です。通常、測量図面は北を上にして描かれ、上方向に X 軸を描くので、両者は一致するように思えます。ではこれらの違いは何でしょうか。

　国土交通省は、測量法で、地図や測量図面の真上方向を、日本各地に設定された代表点の真北方向と定める、と決めています（平成 14 年国土交通省告示第 9 号）。たとえば首都圏の測量図は、「東経 139 度 50 分 0 秒、北緯 36 度 0 分 0 秒の真北」を図面の真上、つまり X 軸の方向にします。ところが地球は丸いため、代表点以外の場所では X 軸の方向と真北がわずかにずれます。たとえば千葉県松戸市の測量図の真北は、X 軸から −03′41″ だけずれています。これを図面の**真北方向角**とよびます。座標計算や面積計算などを行う際に基準になるのは X 軸ですから、重要なのは方位角でなく方向角です。以降は、方位角については議論しません。

交角と同様に、測線にも方向があります。図 4.6 において「測線 AB」といったら A を機械点にとって B を計測した測線を、「測線 BA」は B を機械点にとって A を計測した測線を意味します。すると、測線 AB の方向角 α_{AB} と測線 BA の方向角 α_{BA} の間に以下の関係が成立します。

$$\alpha_{\mathrm{BA}} = \alpha_{\mathrm{AB}} - 180° \tag{4.2}$$

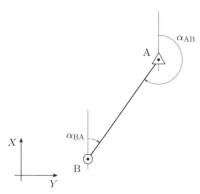

図 4.6　測線の向きと方向角の関係

ここでは 180° を引きましたが、180° を足しても同じことです。「反対側の端点の方向角は 180° 反転する」と覚えます。ただし、角度が 0° から 360° の範囲を超えたときは、360° を足すか、360° を引くかして、角度が 0° から 360° の範囲に収まるように調整します。練習しておきましょう。

例題 4.2　測線 AB の方向角が $\alpha_{\mathrm{AB}} = 46°30'00''$ のとき、α_{BA} を求めなさい。

解答　$226°30'0''$

答：$\alpha_{\mathrm{BA}} = -133°30'00''$

答：$\alpha_{\mathrm{BA}} = 226°30'00''$

点 B を共有する測線 BA, BC があり、方向角がそれぞれ α_{BA}, α_{BC} のとき（図 4.7）、交角 β は

$$\beta = \alpha_{\mathrm{BC}} - \alpha_{\mathrm{BA}} \tag{4.3}$$

で与えられます。ポイントは、「基準になる測線の方向角を引く」点です。これは、

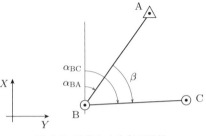
図 4.7 交角と方向角の関係

理屈では「交角は相対値だから絶対値どうしの引き算」と覚えます。例によって、結果がマイナスになったら $360°$ を足します。

次に、図 4.8 のように連続する測線 AB と BC があるとき、AB の方向角 α_{AB} と交角 β から測線 BC の方向角 α_{BC} を求める公式について考えます。これは、式 (4.2), (4.3) を使えば、

$$\alpha_{BC} = \alpha_{AB} - 180° + \beta \tag{4.4}$$

とわかります。トラバース測量においては、一連の測量によって交角が与えられ、一つの測線の方向角からすべての測線の方向角を次々に求めていく計算が必要になります。式 (4.4) は頻出ですので覚えてください。

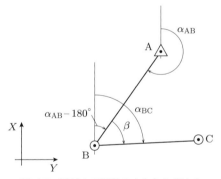
図 4.8 連続する測線の方向角の求め方

続いて、トラバース測量と測量図面の XY 座標系との関係について見ていきます。トラバース測量で得られた交角と測線長のデータ一式は**成果**とよばれます。測量の成果は、誤差の調整を経て最終的に地図上の X, Y 座標に変換されます。ここでもいくつか専門用語がありますので覚えてください。まず、測量の世界では図 4.9 のように X 軸は真上、Y 軸は右にとります。中学、高校で習う $(x\text{–}y)$ 座標系と

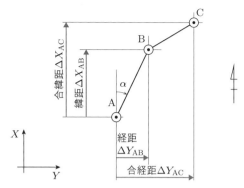

図 4.9　測量における XY 座標系と緯距、経距

は定義が逆ですので注意しましょう。

　1 本の測線の長さを X 軸方向から見た長さを**緯距**、Y 軸方向から見た長さを**経距**とよびます。緯度、経度からの類推で覚えればよいでしょう。三角関数の公式を考えれば、測線の長さと方向角から緯距、経距は以下のように求めることができます。

■ **測線 AB の長さが AB、方向角が α のとき**

$$\text{緯距}\quad \Delta X_{\mathrm{AB}} = AB\cos\alpha \tag{4.5}$$

$$\text{経距}\quad \Delta Y_{\mathrm{AB}} = AB\sin\alpha \tag{4.6}$$

　ここで、緯距、経距にも符号がある点に注意します。図 4.9 で「測線 AB の緯距」といったら A から B 方向へ測った長さでプラスの値を、「測線 BA の緯距」といったら逆にマイナスの値をとります。

　図 4.9 のように、二つ以上の測線でつながれた AC の緯距、経距は**合緯距**、**合経距**とよばれます。計算は簡単で、たとえば「合緯距 AC を求めよ」といわれたら、AB の緯距と BC の緯距を合計すればよいわけです。

　機械点の座標と新点までの緯距、経距がわかれば、新点の座標はただちに得られます。図 4.9 の場合、A, B, C 点の座標をそれぞれ $(X_{\mathrm{A}}, Y_{\mathrm{A}})$, $(X_{\mathrm{B}}, Y_{\mathrm{B}})$, $(X_{\mathrm{C}}, Y_{\mathrm{C}})$ とすると、次のようになります。

■ **B 点の座標**

$$X_{\mathrm{B}} = X_{\mathrm{A}} + \Delta X_{\mathrm{AB}} \tag{4.7}$$

$$Y_{\mathrm{B}} = Y_{\mathrm{A}} + \Delta Y_{\mathrm{AB}} \tag{4.8}$$

■ C 点の座標

$$X_C = X_A + \Delta X_{AC} \tag{4.9}$$

$$Y_C = Y_A + \Delta Y_{AC} \tag{4.10}$$

です。このように、トラバース計測の結果を座標値に換算する計算は**トラバース計算**とよばれます。

　逆に、与えられた座標値の組から測線の方向角と測線長を求める計算は**逆トラバース計算**とよばれます。計算式は以下のとおりです。

■ (X_A, Y_A) から (X_B, Y_B) に向かう測線 **AB** の測線長と方向角

$$測線長 \quad AB = \sqrt{(X_B - X_A)^2 + (Y_B - Y_A)^2} \tag{4.11}$$

$$方向角 \quad \alpha = \tan^{-1}\frac{Y_B - Y_A}{X_B - X_A} \tag{4.12}$$

ただし、$\tan^{-1}$ は**多価関数**（一つの入力に対して解が複数ある関数）ですから、$(X_B - X_A)$ の符号、$(Y_B - Y_A)$ の符号によって解を吟味する必要があります。

4.2 　関数電卓の座標変換機能

4.2.1 　デカルト座標と極座標 ————————————————

　ここで、実際の測量計算の例題に入る前に、関数電卓の「座標変換機能」についてひととおり解説しておきます。二次元平面の1点の位置を決定するには2個の座標値が必要なことが知られていますが、二つがどのような量であるべきかにはかなりの任意性があります。しかし、実用的なものは以下の**デカルト座標**（直交座標）、**極座標**に限られるでしょう。

　図 4.10 にデカルト座標および極座標で示した点 P を示します。デカルト座標は直交する 2 本の直線 x 軸、y 軸を定め、点 P から x 軸、y 軸それぞれに下ろした垂線の位置を x 座標、y 座標とするものです。一方、極座標は、基準となる軸を決め（一般には x 軸の方向がとられます）、原点 O から P へ引いた直線の長さ r と基準軸から測った角度 θ の組で P の座標を表します。

　デカルト座標も極座標も点の位置を表す方法の一つにすぎませんから、これらは

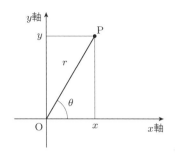

図 4.10　デカルト（直交）座標と極座標

相互に変換が可能です。二次元デカルト座標と極座標の相互変換には三角関数を使います。

■ デカルト座標 → 極座標

$$r = \sqrt{x^2 + y^2} \tag{4.13}$$

$$\theta = \tan^{-1}\frac{y}{x} \tag{4.14}$$

■ 極座標 → デカルト座標

$$x = r\cos\theta \tag{4.15}$$

$$y = r\sin\theta \tag{4.16}$$

　二次元座標を表す変数は二つありますから、1 点の座標を変換するには 2 回の計算を行う必要があります。しかも、2.4 節で学んだように逆三角関数は「主値」をとるため、デカルト座標から極座標への変換は解を吟味しなくてはならず、マイナスの座標が含まれる場合の変換は容易ではありません。ところが、関数電卓には座標変換機能が必ず備わっており、この面倒な計算をたった 1 回の操作で、自動的に行ってくれるのです。

4.2.2　座標変換機能の使い方

　fx-JP500 の座標変換操作キーを図 4.11 に示します。関数 **Pol** と **Rec** です。それぞれ "Polar coordinates"（極座標）、"Rectangular coordinates"（直交座標）の略で、いずれも裏の関数です。これに加えて、数値を区切るためにカンマキー **,** を使います。はじめに、簡単な例で使い方を練習します。

図 4.11　fx-JP500 の座標変換キー

例題 4.3　図 4.10 で点 P の座標は極座標で $(r, \theta) = (2, 61°)$ であった。これをデカルト座標に変換しなさい。

解答 $x = 0.9696192405,\ y = 1.749239414$

Rec 2 ， 61 = 　　　　　　　答：$x = 0.9696192405,\ y = 1.749239414$

図 4.12　極座標からデカルト座標への変換結果

結果は図 4.12 のように x, y 座標が同時に表示されます。また、これらの結果はメモリー X, Y に自動的に格納されますので、結果を使ってさらに計算を行うときに、いちいち入力をやり直す必要がありません。

次は、デカルト座標から極座標への変換をやってみましょう。ここで、例題 4.3 の結果を使い、座標演算の計算結果の再利用を練習します。

例題 4.4　例題 4.3 の計算で得られた P 点のデカルト座標を極座標に変換しなさい。

解答 $r = 2,\ \theta = 61°$

まずはメモリーの値を確認します。

RECALL

確認できたら、座標変換を行います。

Pol X , Y = 答：$r = 2$, $\theta = 61°$

図 4.13 メモリーの内容一覧を確認

極座標への変換結果は、r がメモリー X、θ がメモリー Y に入っています。RECALL キーで確認してください。

4.2.3 座標変換とトラバース計算

さて、4.1 節で説明したトラバース計算、逆トラバース計算は、実質、極座標とデカルト座標の相互変換であることに気づきます。すなわち、測線 AB の A 点を原点にとれば、測線長が極座標の r、方向角が θ となります。したがって、Rec 関数を使えば、たちどころにトラバース計算ができます。具体例でやってみましょう。

例題 4.5 図 4.14 に示された測線 AB および測線 BA の緯距、経距を求めなさい。

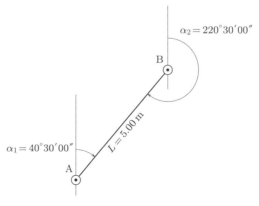

図 4.14 緯距、経距の計算例

測線 AB：緯距 = 3.80 m、経距 = 3.25 m

測線 BA：緯距 = −3.80 m、経距 = −3.25 m

(1) 測線 AB

Rec 5 **,** 40 °′″ 30 °′″ **=**

答：$X_{AB} = 3.802029828\,\mathrm{m}$, $Y_{AB} = 3.247240242\,\mathrm{m}$

(2) 測線 BA

Rec 5 **,** 220 °′″ 30 °′″ **=**

答：$X_{BA} = −3.802029828\,\mathrm{m}$, $Y_{BA} = −3.247240242\,\mathrm{m}$

長さは同じですが、機械点をどちらにとるかによって緯距、経距の符号が逆になります。なお、土地家屋調査士試験では、解答の際には角度は秒の精度、長さは cm の精度でそれ未満を四捨五入して答えます（角度の精度は問題による）。本書でも、解答は基本的にこの原則に従い表示します。

4.2.4 座標変換と逆トラバース計算

測量図上のある座標点が、現場でどこにあるかを決定するときにもトータルステーションが用いられます。このとき必要なのが測線長および交角で、与えられた座標のセットから測線長および交角を求めるのが逆トラバース計算です。これは、デカルト座標から極座標への座標変換にほかなりません。例題を解きましょう。

例題 4.6 図 4.15 において、座標が表 4.1 のように得られている。T1 および T2 は基準点である。現場において、トータルステーションを用いて T3 の位置を決定したい。測線長 L および交角 $β$ を求めなさい。

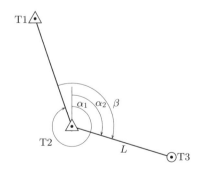

図 4.15　逆トラバース計算で T2 から T3 へ向かう測線の交角 $β$、測線長 L を求める

表 4.1　測量図上の点の座標

機械点	X 座標 [m]	Y 座標 [m]
T1	5.10	1.50
T2	1.00	2.40
T3	−0.10	7.90

解答　$L = 5.61\,\mathrm{m}$, $\beta = 113°41'27''$

　まず、T1 点、T2 点から基準となる方向角 α_1 を得ます。これは、デカルト座標から極座標への座標変換ですね。計算は、 Pol 関数に T2T1 の緯距、経距を直接入力します。

Pol 05.10 − 1.00 , 1.50 − 2.40 =

答：$T2T1 = 4.197618372\,\mathrm{m}$, $\alpha_1 = -12.38075693°$

NOTE 座標の引き算に括弧を使う必要はありません。

NOTE 後でマイナスの数値を入れるスペースを確保するため、「5.10」の前にダミーの「0」を入れておくと便利です。

　今回は使いませんが、同時に測線 T2T1 の測線長も得られます。同様に測線 T2T3 の測線長、方向角を計算します。ここで、基準点 T2 は先ほどの計算と同じですから、数式履歴を使いましょう。その前に、先ほどの計算結果をメモリー A に退避します。

Y STO A

↑ → (5.10 ⇒ −0.10) → (1.50 ⇒ 7.90) =

答：$L = 5.608921465\,\mathrm{m}$, $\alpha_2 = 101.3099325°$

Y − A = °′″

答：$\beta = 113°41'26.48''$

　本章から、マイナスの数値の入力は「 (−) [数値]」でなくマイナスの数値で表記します。

4.3　測量の手順

　土地家屋調査士の仕事は、調査（測量）で始まり、登記で終わるといってもよいでしょう。測量は、現地で行う、トータルステーションで交角と測線長を得る**外業**と、机上で行う**内業**に分かれます。

　内業は、さらに以下のように細分化できます。

a 測角の点検と角度調整

b 方向角の計算

c 経距、緯距の計算

d 閉合差の調整

e 各点の座標を決定

f 交点計算、面積計算など

手順 a から e までが各測点の図面上の絶対座標を求める計算で、求められた座標の
セットを使い f の手順で土地の面積を決定したり、交点の座標を計算したり、境界
線を引いたり、という作業を行うわけです。土地家屋調査士試験の問題は、ほとん
どが

▶ 測量成果が与えられ、座標を求める問題　　a～e のいずれかの組み合わせ

▶ 座標が与えられ、交点や面積を求める問題　f

のどちらかに大別されます。本章では測量成果から座標を求める方法を、第 5 章で
は座標から交点、面積を求める方法を考えます。

　トラバース測量の実例を図 4.16 に示します。測量は図に示される ABCD の四
角形の土地で行われ、表 4.2 に示されるような成果を得ました。

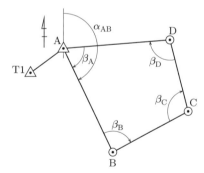

図 4.16　トラバース測量の実例

表 4.2　測量で得られた結果

後視点	機械点	測点	交角	測線長 [m]
D	A	B	68°34′20″	11.97
A	B	C	89°39′10″	9.04
B	C	D	101°35′40″	7.89
C	D	A	100°11′30″	11.34

4.4 測角点検と角度調整

　計測には誤差が必ずともないます。トラバース測量では、はじめに測角の点検を行い、誤差が許容範囲かどうかを確認したあとで、その誤差を合理的に計測値に分配します。測角の点検が可能なのは閉合トラバースか結合トラバースで、開放トラバースでは原理的に測角の点検はできません。ここでは閉合トラバースのほうで説明します。閉合トラバースの場合、交角の和は N 角形の内角の和の公式

$$180(N-2)° \tag{4.17}$$

に従います。したがって交角を合計し、$180(N-2)°$ との差が生じた場合、これが誤差となります。このように、測角の和を理論値と比較することを**測角点検**といいます。これが許容誤差の範囲になければ外業からやり直しですが、試験問題では「誤差が許容範囲になくとも無視して進める」ルールになっています。ちなみに許容誤差は、日本土地家屋調査士会連合会の「登記基準点測量作業規程運用基準」によると、4 級基準点をもとにした N 角形の閉合トラバース測量において $60''\sqrt{N}$ だそうです。

> **例題 4.7**　表 4.2 の測角を点検しなさい。ただし許容誤差は 4 級基準点に準ずる。

> **解答**　許容誤差は $120''$、誤差は $40''$。よって測角は許容誤差以内に収まっている。

- **Step 1　許容誤差の計算**

  60 √ 4 =　　　　　　　　　　　　　　　　　　　　　答：許容誤差 $120''$

- **Step 2　交角の和を計算。手順は省略。**　　　　答：交角の合計 $360°00'40''$

- **Step 3　誤差の計算**

  − 180 °′″ (4 − 2 =　　　　　　　　　　　　　　　答：$40''$

　点検が終わったら**角度調整**を行います。これは、測角の合計がちょうど $180(N-2)°$ になるように誤差を配分、調整する作業です。今回は交角のデータ数は 4、誤差は $+40''$ ですから各交角から $10''$ を引きます。

例題 **4.8** 表 4.2 の測量成果の交角の誤差調整をしなさい。

解答▶

表 4.3　測角の誤差調整

機械点	交角（調整前）	交角（調整後）
A	68°34′20″	68°34′10″
B	89°39′10″	89°39′00″
C	101°35′40″	101°35′30″
D	100°11′30″	100°11′20″
合計	360°00′40″	360°00′00″

4.5　方向角の計算

　続いて、各測線の方向角を計算します。トラバース測量において各測線の方向角を定めるためには、少なくとも一つの測線の方向角がわかっていなければなりません。そのため、トラバース測量では、既知点を含む測量成果から方向角の基準を得ます。これを**方向角の取り付け**とよびます。測線 AB の取り付けができていれば、BC, CD, DA の方向角は公式 (4.4) を使い次々と求めていくことができます。

例題 **4.9**　表 4.3 の、調整後の各測線の交角から方向角を求めなさい。測線 AB の方向角取り付けの結果は 153°50′00″ である。

解答▶

表 4.4　測線の方向角

測線	方向角
AB	153°50′00″
BC	63°29′00″
CD	345°04′30″
DA	265°15′50″

NOTE　本節より紙幅節約のため、角度の入力は 153°50′00″ などと表記します。

α_{BC} 　　153°50′00″ $-$ 180° $+$ 89°39′00″ $=$ 　　　　　答：$\alpha_{BC} = 63°29′00″$

α_{CD} 　　$-$ 180° $+$ 101°35′30″ $=$ 　　　　　答：$\alpha_{CD} = -14°55′30″$

　　　　$+$ 360° $=$ 　　　　　答：$\alpha_{CD} = 345°04′30″$

α_{DA}	[−] 180° [+] 100°11′20″ [=]			答：$\alpha_{DA} = 265°15′50″$

　ここで一つ大切なポイントは、方向角を計算したら、図面上の「見た目」の角度とおよそ合っていることを必ずチェックする、ということです。右向きの測線の方向角は 90°、下向きは 180°、左向きが 270° です。たとえば測線 DA はほぼ左向きですから、計算された方向角 265°15′50″ は見た目の角度に一致しています。

4.6　緯距、経距の計算

　続いて、各測線の緯距、経距を計算します。計算は面倒ですが、 **Rec** 関数でていねいに計算していくだけです。このとき、表 4.5 のような表を作り、緯距、経距を書き込んでいきます。距離の精度は、最終的には小数点以下 2 桁までをとりますが、この段階で小数点以下 3 桁目を四捨五入してしまうと「丸め誤差（四捨五入によるもとの数値との誤差）」が蓄積する恐れがあるため、1 桁多い小数点以下 3 桁まで記入します。また、次のステップで「閉合差の調整」を行うため、緯距と経距の合計を同時に計算します。

例題 4.10　表 4.2 の測線長および表 4.4 の方向角から各測線の緯距、経距を求めなさい。

解答

表 4.5　測線の方向角と緯距・経距

測線	測線長 [m]	方向角	緯距 [m]	経距 [m]
AB	11.97	153°50′00″	−10.743	5.279
BC	9.04	63°29′00″	4.036	8.089
CD	7.89	345°04′30″	7.624	−2.032
DA	11.34	265°15′50″	−0.936	−11.301
合計			−0.019	0.035

　合計作業には数式履歴とメモリーを活用します。やり方の一例を以下に示します。この例では緯距の合計をメモリー A に、経距の合計をメモリー B に積算していきます。

■ Step 1　メモリーのクリア

[SHIFT] [9] [2] [=] [AC]

■ Step 2　**AB** の緯距・経距を計算

　　　`Rec` 11.97 `,` 153°50′00″ `=`　　緯距 X_{AB}、経距 Y_{AB} を得る

　　　　　　　　　　　　　答：$X_{\mathrm{AB}} = -10.74325545\,\mathrm{m}$, $Y_{\mathrm{AB}} = 5.278575779\,\mathrm{m}$

　`NOTE`　表には四捨五入して「−10.743」「5.279」と記入します。

　　　`A` `+` `X` `STO` `A`　　緯距をメモリー A に加算　　　　　答：$-10.74325545\,\mathrm{m}$

　　　`B` `+` `Y` `STO` `B`　　経距をメモリー B に加算　　　　　答：$5.278575779\,\mathrm{m}$

■ Step 3　**BC** の緯距・経距を計算

　　　`Rec` 9.04 `,` 63°29′00″ `=`　　緯距 X_{BC}、経距 Y_{BC} を得る

　　　　　　　　　　　答：$X_{\mathrm{BC}} = 4.035981406\,\mathrm{m}$, $Y_{\mathrm{BC}} = 8.089032952\,\mathrm{m}$

　　　`↑` `↑` `=`　　「メモリー A に加算」の履歴を呼び出す　　答：$-6.707274048\,\mathrm{m}$

　　　`↑` `↑` `=`　　「メモリー B に加算」の履歴を呼び出す　　答：$13.36760873\,\mathrm{m}$

■ Step 4　**CD** の緯距・経距を計算

　　　`Rec` 7.89 `,` 345°04′30″ `=`　　緯距 X_{CD}、経距 Y_{CD} を得る

　　　　　　　　　　　答：$X_{\mathrm{BC}} = 7.623821319\,\mathrm{m}$, $Y_{\mathrm{BC}} = -2.032104451\,\mathrm{m}$

　　　`↑` `↑` `=`　　「メモリー A に加算」の履歴を呼び出す　　答：$0.9165472705\,\mathrm{m}$

　　　`↑` `↑` `=`　　「メモリー B に加算」の履歴を呼び出す　　答：$11.33550428\,\mathrm{m}$

■ Step 5　**DA** の緯距・経距を計算

　　　`Rec` 11.34 `,` 265°15′50″ `=`　　緯距 X_{DA}、経距 Y_{DA} を得る

　　　　　　　　　　　答：$X_{\mathrm{DA}} = -0.936305593\,\mathrm{m}$, $Y_{\mathrm{DA}} = -11.3012801\,\mathrm{m}$

　　　`↑` `↑` `=`　　「メモリー A に加算」の履歴を呼び出す　　答：$-0.01975832265\,\mathrm{m}$

　　　`↑` `↑` `=`　　「メモリー B に加算」の履歴を呼び出す　　答：$0.03422418248\,\mathrm{m}$

　これで、緯距の合計はメモリー A に、経距の合計はメモリー B に記憶されました。合計は、数式では総和記号 $\sum$ を使い、

$$\text{緯距の合計}\quad E_X = \sum X_i \tag{4.18}$$

$$\text{経距の合計}\quad E_Y = \sum Y_i \tag{4.19}$$

と表します。総和記号の意味は、「該当するすべての量を足しなさい」という意味で、今回の例では

$$\sum X_i = X_{\mathrm{AB}} + X_{\mathrm{BC}} + X_{\mathrm{CD}} + X_{\mathrm{DA}} \tag{4.20}$$

と表すことができます。

　閉合トラバースの場合、理想的には緯距・経距を符号付きで合計すればどちらもゼロになります。これは、A 点の座標に緯距 X_{AB}、経距 Y_{AB} を足せば B 点の座標が、B 点の座標に緯距 X_{BC}、経距 Y_{BC} を足せば C 点の座標が得られることを考えれば理解できるでしょう。しかし、計算された緯距、経距は測定値をもとにしていますので、合計が正確にゼロになることはありません。実際、今回の測量では

$$E_X = -0.01975832265\,\mathrm{m} \tag{4.21}$$

$$E_X = 0.03422418248\,\mathrm{m} \tag{4.22}$$

となりました。緯距、経距の合計がゼロにならないということは、A 点から始めた閉合トラバース測量が A 点で閉じずに A′ 点で終わったということを示しています（図 4.17）。E_X, E_Y をそれぞれ「緯距の誤差」「経距の誤差」とよびましょう。測線長 AA' は**閉合差** E とよばれ、緯距、経距の誤差を使い

$$E = \sqrt{E_X^2 + E_Y^2} \tag{4.23}$$

で計算できます。今回の例で計算してみましょう。これも、座標変換機能が活用できます。

　[Pol] [A] , [B] =　　　　　　　　　答：$E = 0.0395181727\,\mathrm{m}$, $\theta = 119.9987214°$

[NOTE]　答えには θ も出力されますが、ここでは使いません。

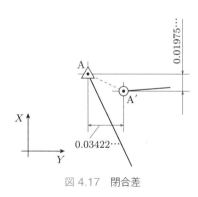

図 4.17　閉合差

　閉合差を客観的に表すため、閉合差を測線の全長 $\sum S$ で割ったものを**閉合比** R とよびます。定義は

$$R = \frac{E}{\sum S} \tag{4.24}$$

です。計算してみましょう。E の値は、メモリー X に入っています。

$$\boxed{\text{X}} \div \boxed{\text{(}} \ 11.97 \ \boxed{+} \ 9.04 \ \boxed{+} \ 7.89 \ \boxed{+} \ 11.34 \ \boxed{=} \qquad 答：R = 9.820619478 \times 10^{-4}$$

閉合差にも許容限度があり、前述の「登記基準点測量作業規程運用基準」によると、測点数 N の 4 級基準点計測においては、$5\,\text{cm} \times \sqrt{N} \sum S$（ただし $\sum S$ は測線長の和を [km] で表したもの）未満でなくてはならない、とされています。単位を [m] に直して閉合比に換算すれば、

$$R < 5 \times 10^{-5} \sqrt{N} \tag{4.25}$$

を得ます。測点数が $N = 4$ のとき、許容される閉合比は 1×10^{-4} 未満となり、計算された値 9.8×10^{-4} はこれを大きく超えています。

4.7 閉合差の調整

閉合比を計算したら、最終的に $E = 0$ となるように再び誤差の分配を行います。これを**閉合差の調整**とよびます。これにはいくつか方法があり、

▷ 均等法
▷ コンパス法
▷ トランシット法

として知られています。以下、それぞれについて説明します。

4.7.1 均等法

E_X, E_Y を各緯距・経距に均等に分配します。測点の数を N として、数式では

$$X_i' = X_i - \frac{E_X}{N} \tag{4.26}$$

$$Y_i' = Y_i - \frac{E_Y}{N} \tag{4.27}$$

です。考え方は単純ですね。簡易な方法ですが、すべての測線長が同程度とみなされるとき、均等法は合理的な誤差配分法です。4.6 節の例で、小数点以下 3 桁まで

とった緯距、経距の誤差は

$$E_X = -0.020\,\mathrm{m} \tag{4.28}$$

$$E_Y = 0.034\,\mathrm{m} \tag{4.29}$$

です。しかし、E_X, E_Y が最後の桁でぎりぎり繰り上がったりすると、調整後の E_X, E_Y がゼロにならないことがあります。ここはメモリー A, B に蓄えられた数値をそのまま使いましょう。

表 4.5 の右に「調整後の緯距、経距」を書き込む欄を作り、結果を小数点以下 2 桁の精度で表に書き込んでいきましょう。測量の教科書では、調整量をいちいち書き出してから計算するようになっていますが、試験においては効率が重視されますからそこまできちんとやる必要はないと考えています。計算方法の一例を示します。

例題 4.11　表 4.5 の成果の閉合差を均等法で調整しなさい。

解答

表 4.6　測線の誤差調整（均等法）

測線	調整前		調整後	
	緯距 [m]	経距 [m]	緯距 [m]	経距 [m]
AB	−10.743	5.279	−10.74	5.27
BC	4.036	8.089	4.04	8.08
CD	7.624	−2.032	7.63	−2.04
DA	−0.936	−11.301	−0.93	−11.31
合計	−0.019	0.035	0	0

■ Step 1　調整量 $\mathrm{d}X = E_X/N$, $\mathrm{d}Y = E_Y/N$ を計算、メモリー C, D に入れる

$\boxed{\text{A}}$ $\boxed{\div}$ 4 $\boxed{\text{STO}}$ $\boxed{\text{C}}$　　　　　　　答：$\mathrm{d}X = -4.939580662 \times 10^{-3}\,\mathrm{m}$

$\boxed{\text{B}}$ $\boxed{\div}$ 4 $\boxed{\text{STO}}$ $\boxed{\text{D}}$　　　　　　　答：$\mathrm{d}Y = 8.556045619 \times 10^{-3}\,\mathrm{m}$

■ Step 2　緯距、経距の調整

　−10.743 $\boxed{-}$ $\boxed{\text{C}}$ $\boxed{=}$　X_{AB} の調整　　　　　答：$X_{\mathrm{AB}} = -10.73806042\,\mathrm{m}$

$\boxed{\text{NOTE}}$ 表には四捨五入して「−10.74」と記入します。Y_{AB} も同様です。

　5.279 $\boxed{-}$ $\boxed{\text{D}}$ $\boxed{=}$　Y_{AB} の調整　　　　　答：$Y_{\mathrm{AB}} = 5.270443954\,\mathrm{m}$

以下同様。

四捨五入の計算は間違いやすいものです。入力が終わったら、⬆️ ⬇️ キーで数式履歴をチェックして、間違いがないか確認しましょう。

■ Step 3　閉合差がゼロになったことを確認

-10.74 ➕ 4.04 ➕ 7.63 ➖ 0.93 🟰　　　　　　　　　　　　　　　答：0 m

5.27 ➕ 8.08 ➖ 2.04 ➖ 11.31 🟰　　　　　　　　　　　　　　　答：0 m

さてここまで、計算結果を表に書き込むときに四捨五入を暗算で行いました。これを自動で行う方法はないのでしょうか。実は、以下のように自動化できないことはないのですが、私は使っていません。

Step 2 から繰り返します。ここで小数点表示を FIX（固定）モードにセットします。すると、解は自動的に小数点以下 3 桁を四捨五入した形で表示されます。

■ **FIX モード（小数点以下 2 桁）にセット**

SETUP 3 1 2

-10.743 ➖ C 🟰　　X_{AB} の調整　　　　　　答：$X_{\mathrm{AB}} = -10.74$ m

5.279 ➖ D 🟰　　Y_{AB} の調整　　　　　　　答：$Y_{\mathrm{AB}} = 5.27$ m

以下同様。

■ **Norm1 モードに戻る**

SETUP 3 3 1

私が FIX モードを使わない理由は二つあります。一つは切り替えが面倒だからで、もう一つは、これが重要な点なのですが、四捨五入により見えなくなった下の桁にも情報が含まれているからです。土地家屋調査士試験を例にとりましょう。第 6 章で具体的な試験問題を解けばわかるのですが、計算結果が「6.369982335」のように、小数点以下 3 桁目以下の切り上げ／切り捨て量がきわめてゼロに近い解がよく登場します。これは試験問題という性格上、どんな手順で計算しても小数点以下 2 桁目の値が変わらないような、安全な座標点を選んでいるからで*、我々はここから計算が間違っていないだろう、という情報を受け取ることができます。FIX モードだと解は「6.37」と表示されるだけなので、その下に「998」が隠れていることを知ることができません。

FIX モードを使うかどうかは、四捨五入の計算ミスがないというメリットと、生データから情報を得ることができないというデメリットを天秤にかけて判断してく

＊ 最近の傾向として、そうともいえない問題が増えてきました。この点については後述します。

ださい。

4.7.2 コンパス法 ───────────────

コンパス法の思想は、「誤差の大きさは測線長に比例するだろう」というものです。これは、角度計測と距離計測の精度がほぼ同じと考えられるときによい近似となります。具体的には以下の公式で調整を行います。

$$X_i' = X_i - \frac{E_X}{\sum S} S_i \tag{4.30}$$

$$Y_i' = Y_i - \frac{E_Y}{\sum S} S_i \tag{4.31}$$

ここで、S_i は個々の測線長を、$\sum S$ は測線長の合計を意味します。具体的にやってみましょう。

📖 **例題** 4.12　表 4.5 の成果の閉合差をコンパス法で調整しなさい。

解答

表 4.7　測線の誤差調整（コンパス法）

測線	調整前		調整後	
	緯距 [m]	経距 [m]	緯距 [m]	経距 [m]
AB	−10.743	5.279	−10.74	5.27
BC	4.036	8.089	4.04	8.08
CD	7.624	−2.032	7.63	−2.04
DA	−0.936	−11.301	−0.93	−11.31
合計	−0.019	0.035	0	0

■ Step 1　測線長の合計を計算、メモリー C に入れる

11.97 ➕ 9.04 ➕ 7.89 ➕ 11.34 STO C　　　　　　　答：$\sum S = 40.24\,\mathrm{m}$

■ Step 2　緯距、経距の調整

−10.743 ➖ A ➗ C ✖ 11.97 ＝　　X_{AB} の調整

答：$X_{AB} = -10.73712259\,\mathrm{m}$

5.279 ➖ B ➗ C ✖ 11.97 ＝　　Y_{AB} の調整　　答：$Y_{AB} = 5.268819496\,\mathrm{m}$

ここで、X_{AB} と Y_{AB} の計算式には共通点が多いので、数式履歴を使ってもよいでしょう。

$\longrightarrow$　$(-10.743 - \text{A} \Rightarrow 5.279 - \text{B})$ ▣　Y_{AB} の調整

答：$Y_{\text{AB}} = 5.268819496\,\text{m}$

以下同様。

■ Step 3　閉合差がゼロになったことを確認

-10.74 ＋ 4.04 ＋ 7.63 － 0.93 ▣

答：$0\,\text{m}$

5.27 ＋ 8.08 － 2.04 － 11.31 ▣

答：$0\,\text{m}$

4.7.3　トランジット法

　トランジット法の思想は、「誤差の大きさは緯距、経距に比例するだろう」というものです。コンパス法による調整は、たとえば緯距がほとんどゼロでも測線長が長ければ緯距に対して大きな調整がかかります。一方、トランジット法は、大きな緯距には大きな調整を、小さな緯距には小さな調整をかけるものです。これは、角度計測が距離計測より高精度の場合によい近似となります。具体的には以下の公式で調整を行います。

$$X_i' = X_i - \frac{E_X}{\sum |X_i|}|X_i| \tag{4.32}$$

$$Y_i' = Y_i - \frac{E_Y}{\sum |Y_i|}|Y_i| \tag{4.33}$$

ここで $|X_i|$ は緯距の絶対値を、$\sum |X_i|$ は緯距の絶対値を合計した値を意味します。具体例でやってみましょう。

例題 4.13　表 4.5 の成果の閉合差をトランジット法で調整しなさい。

解答

表 4.8　測線の誤差調整（トランジット法）

測線	調整前		調整後	
	緯距 [m]	経距 [m]	緯距 [m]	経距 [m]
AB	-10.743	5.279	-10.73	5.27
BC	4.036	8.089	4.04	8.08
CD	7.624	-2.032	7.63	-2.03
DA	-0.936	-11.301	-0.94	-11.32
合計	-0.019	0.035	0	0

正直に入力するのも一つの方法ですが、今回はメモリーをうまく使ってみます。点の数が 6 個以下なら、メモリー D, E, F, M, X, Y にすべて記憶させることができます。

■ Step 1 緯距をメモリーに入れる

－10.743 STO D

4.036 STO E

7.624 STO F

－0.936 STO M

NOTE 入力が終わったら、↑ ↓ キーで間違いがないか確認しましょう。

■ Step 2 緯距の絶対値を合計、メモリー C に入れる

NOTE 絶対値の計算には、絶対値関数 Abs を使います。キーは （ の裏です。

Abs D ） ＋ Abs E ） ＋ Abs F ） ＋ Abs M STO C

答：$\sum |X_i| = 23.339\,\mathrm{m}$

■ Step 3 緯距の調整

D － A Abs D ） ÷ C ＝ X_{AB} の調整

答：$X_{AB} = -10.73390519\,\mathrm{m}$

先に、緯距の計算をすべて済ませてしまいます。

→ (D ⇒ E) → (D ⇒ E) ＝ X_{BC} の調整 答：$X_{BC} = 4.039416796\,\mathrm{m}$

以下同様。

■ Step 4 経距をメモリーに入れる

5.279 STO D

8.089 STO E

－2.032 STO F

－11.301 STO M

NOTE 入力が終わったら、↑ ↓ キーで間違いがないか確認しましょう。

■ Step 5 経距の絶対値を合計、メモリー C に入れておく

前回と同じ計算ですので、数式履歴を探します。

↑ ・・・ ↑ （「Abs(D)+Abs(E) ・・・」の表示が出るまで遡る） ＝

答：$\sum |Y_i| = 26.701\,\mathrm{m}$

■ Step 6 経距の調整

ここで、先ほどの数式履歴を利用するため、メモリー B に入っている E_Y をメモ

リー A にコピーします。

$\boxed{B}$ $\boxed{STO}$ $\boxed{A}$ 　メモリー A を E_Y に書き換える

$\boxed{\uparrow}$ $\boxed{\uparrow}$ $\cdots$ $\boxed{\uparrow}$（「D − AAbs(D) ÷ C」の表示が出るまで遡る）$\boxed{=}$ 　Y_{AB} の調整

答：$Y_{AB} = 5.272233607\,\text{m}$

$\boxed{\uparrow}$ $\boxed{\uparrow}$ $\cdots$ $\boxed{\uparrow}$（「E − AAbs(E) ÷ C」の表示が出るまで遡る）$\boxed{=}$ 　Y_{BC} の調整

答：$Y_{BC} = 8.078631871\,\text{m}$

以下同様。

■ Step 7 　閉合差がゼロになったことを確認

−10.73 $\boxed{+}$ 4.04 $\boxed{+}$ 7.63 $\boxed{-}$ 0.94 $\boxed{=}$ 　　　　　　　　　　　　　　　答：$0\,\text{m}$

5.27 $\boxed{+}$ 8.08 $\boxed{-}$ 2.03 $\boxed{-}$ 11.32 $\boxed{=}$ 　　　　　　　　　　　　　答：$0\,\text{m}$

　関数電卓の数式履歴とメモリーを活用すれば、かなり手間が省けます。そのほかにも、計算の手間を省くさまざまな方法が考えられます。たとえば、上で説明したトランシット法の調整では $\boxed{Abs}$ キーを何度も押さなくてはなりませんでしたが、メモリーに「緯距の絶対値」を入力する、以下の方法もあります。

■ Step 1 　緯距の絶対値をメモリーに入れる

10.743 $\boxed{STO}$ $\boxed{D}$

4.036 $\boxed{STO}$ $\boxed{E}$

7.624 $\boxed{STO}$ $\boxed{F}$

0.936 $\boxed{STO}$ $\boxed{M}$

$\boxed{NOTE}$ 　入力が終わったら、$\boxed{\uparrow}$ $\boxed{\downarrow}$ キーで間違いがないか確認しましょう。

■ Step 2 　緯距の絶対値を合計、メモリー C に入れておく

$\boxed{D}$ $\boxed{+}$ $\boxed{E}$ $\boxed{+}$ $\boxed{F}$ $\boxed{+}$ $\boxed{M}$ $\boxed{STO}$ $\boxed{C}$ 　　　　　答：$\sum |X_i| = 23.339\,\text{m}$

■ Step 3 　緯距の調整

$\boxed{(-)}$ $\boxed{D}$ $\boxed{-}$ $\boxed{A}$ $\boxed{D}$ $\boxed{\div}$ $\boxed{C}$ $\boxed{=}$ 　X_{AB} の調整　　答：$X_{AB} = -10.73390519\,\text{m}$

$\boxed{NOTE}$ 　緯距がマイナスの場合、先頭に $\boxed{(-)}$ を付けます。

$\boxed{E}$ $\boxed{-}$ $\boxed{A}$ $\boxed{E}$ $\boxed{\div}$ $\boxed{C}$ $\boxed{=}$ 　X_{BC} の調整　　答：$X_{BC} = 4.039416796\,\text{m}$

ここで紹介した方法のみでなく、もっと高度なテクニックを使った省力化も考えられます。どこまで凝るかは、関数電卓のスキルと相談して決めてください。

以上で閉合差の調整の説明を終わります。ただし、土地家屋調査士試験で閉合差の調整が出題されることはそれほど多くありません。2012（平成 24）年から 2021（令和 3）年までの 10 年間で、出題されたのは均等法が 1 回、コンパス法が 2 回でした。トランジット法は計算が複雑なため、今後も出題される可能性は低いと思います。

4.8 座標計算

ここまでの計算で、各測線の緯距、経距が決定されましたから、あとは式 (4.7), (4.8) の理屈で基準点の X, Y 座標から順番に足していけば、各点の X, Y 座標が決定されます。ここでは、例としてコンパス法で得られた調整済みの緯距、経距を使います。

例題 4.14　誤差調整の結果、図 4.16 の測線について表 4.9 の結果を得た。A 点の座標が $X = 16.00\,\mathrm{m}$, $Y = 1.00\,\mathrm{m}$ であるとき、点 B, C, D の座標を定めなさい。

表 4.9　調整後の緯距、経距（コンパス法）

測線	緯距 [m]	経距 [m]
AB	−10.74	5.27
BC	4.04	8.08
CD	7.63	−2.04
DA	−0.93	−11.31

解答▶

表 4.10　測点の座標

測点	X[m]	Y[m]
A	16.00	1.00
B	5.26	6.27
C	9.30	14.35
D	16.93	12.31

16 − 10.74 =

答：$X_{\mathrm{B}} = 5.26\,\mathrm{m}$

+	4.04	=		答：$X_C = 9.30\,\text{m}$
-	7.63	=		答：$X_D = 16.93\,\text{m}$
-	0.93	=		答：$X_A = 16.00\,\text{m}$

NOTE　計算に間違いがなければ、必ず A の X 座標、16.00 m に戻ります。

　Y 座標の具体的手順は省略しますが、X と同様に計算します。

　以上で、トラバース測量により測点の座標を決定するまでの手順が完成しました。次章では、決定された座標のセットを使って、交点や面積、土地の分割といった計算のやり方を解説します。

演習問題

　図 4.18 のような閉合トラバース測量を行い表 4.11 の成果を得た。交角は A, B, C, D, E, A の順に計測したものである。以下の Q1, Q2 に答えなさい。

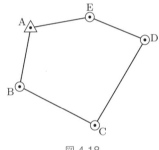

図 4.18

表 4.11

後視点	機械点	測点	交角
E	A	B	$110°20'22''$
A	B	C	$106°39'12''$
B	C	D	$93°44'48''$
C	D	E	$79°55'33''$
D	E	A	$148°33'30''$

Q1.　交角の調整を行いなさい。

Q2.　各測線の方向角を計算しなさい。ここで測線 AB の方向角は $190°20'15''$ とする。

　図 4.19 のように、既知点 T1, T2, T3 と未知点 T101 の 4 点で測量を行い表 4.12 の成果

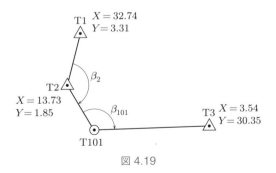

図 4.19

表 4.12

後視点	機械点	測点	交角	測線長 [m]
T1	T2	T101	150°21′32″	10.71
T2	T101	T3	116°25′26″	23.91

（平成 20 年度土地家屋調査士試験より改題）

を得た。以下の Q3〜Q8 に答えなさい。

Q3. 測線 T1T2 の方向角を求めなさい。

Q4. 測線 T2T101、T101T3 の方向角をそれぞれ求めなさい。

Q5. 点 T3 における閉合差を求めなさい。ここでの閉合差は、測線 T101T3 から得られた T3 の座標と T3 の真の座標との差と定義される。

Q6. Q3 で得られた閉合差を用い、均等法で誤差調整を行いなさい。

Q7. Q3 で得られた閉合差を用い、コンパス法で誤差調整を行いなさい。

Q8. コンパス法で誤差調整された緯距・経距を用い、T101 の座標を決定しなさい。

▬▬▬ 演習問題解答 ▬▬▬

A1.

表 4.13

後視点	機械点	測点	交角	交角（調整後）
E	A	B	110°20′22″	110°29′41″
A	B	C	106°39′12″	106°48′31″
B	C	D	93°44′48″	93°54′07″
C	D	E	79°55′33″	80°04′52″
D	E	A	148°33′30″	148°42′49″
合計			539°13′25″	540°00′00″

すべての交角を合計します。　　　　　　　　　　答：$\sum \beta_i = 539°13′25″$

トラバースは五角形なので、$\sum \beta_i$ の理論値は $180 \, (N-2)° = 540°$ です。したがって誤差は、合計から $540°$ を引いて求めます。

$\boxed{-}$ 540° $\boxed{=}$　　　　　　　　　　　　　　答：$-0°46′35″$

5 で割り、メモリー A に入れます。

$\boxed{÷}$ 5 $\boxed{STO}$ $\boxed{A}$　　　　　　　　　　　　答：$-0°09′19″$

各交角から A を引いていきます。答えは秒の単位で四捨五入します。

110°20′22″ $\boxed{-}$ $\boxed{A}$ $\boxed{=}$　　　　　　　　答：$\alpha_{AB} = 110°29′41″$

以下同様。

[NOTE] 最後に、合計が $540°$ になることを必ず確認しておきましょう。

A2.

表 4.14

機械点	交角（調整後）	方向角
A	$110°29'41''$	$190°20'15''$
B	$106°48'31''$	$117°08'46''$
C	$93°54'07''$	$31°02'53''$
D	$80°04'52''$	$291°07'45''$
E	$148°42'49''$	$259°50'34''$

方向角の公式は式 (4.4) です。AB の取り付け角（方向角）が $190°20'15''$ のとき、BC の方向角は

$190°20'15''$ ⊟ $180°$ ⊞ $106°48'31''$ ▣ 　　　　　答：$\alpha_{\mathrm{BC}} = 117°08'46''$

以下同様。

A3. $184°23'30''$

　　　Pol 13.73 ⊟ 32.74 ▮ 1.85 ⊟ 3.31 ▣

答：$T1T2 = 19.0659828\,\mathrm{m}$, $\alpha_{\mathrm{T1T2}} = -175.6082091°$

　　　Y ⊞ 360 ▣ °′″ 　　　　　答：$\alpha_{\mathrm{T1T2}} = 184°23'30.45''$

A4.

表 4.15

後視点	機械点	測点	交角	方向角
	T1	T2		$184°23'30''$
T1	T2	T101	$150°21'32''$	$154°45'02''$
T2	T101	T3	$116°25'26''$	$91°10'28''$

方向角 α_{T2T101} 　　　$184°23'30''$ ⊟ $180°$ ⊞ $150°21'32''$ ▣

答：$\alpha_{\mathrm{T2T101}} = 154°45'02''$

方向角 α_{T101T3} 　　　⊟ $180°$ ⊞ $116°25'26''$ ▣

答：$\alpha_{\mathrm{T101T3}} = 91°10'28''$

A5. $E = 0.02996664813\,\mathrm{m}$

　　結合トラバースの場合、閉合差は測線の合緯距・合経距と、既知点 2 点の緯距・経距との差で定義されます。まず、おのおのの測線の緯距・経距を計算し、小数点以下 3 桁の精度で表に記入します。

■ Step 1 　**T2T101 の緯距・経距の計算**

　　　Rec 10.71 ▮ $154°45'02''$ ▣

答：$X_{\mathrm{T2T101}} = -9.686758905\,\mathrm{m}$, $Y_{\mathrm{T2T101}} = 4.568457279\,\mathrm{m}$

■ Step 2　**T101T3 の緯距・経距の計算**

[Rec] 23.91 [,] 91°10′28″ [=]

答：$X_{\text{T101T3}} = -0.490071005\,\text{m}$, $Y_{\text{T101T3}} = 23.90497711\,\text{m}$

■ Step 3　**合緯距・合経距の計算**

−9.687 [+] −0.490 [=]

答：$\sum X_i = -10.177\,\text{m}$

4.568 [+] 23.905 [=]

答：$\sum Y_i = 28.473\,\text{m}$

■ Step 4　**$T2T3$ を計算**

3.54 [−] 13.73 [=]

答：$X_{\text{T2T3}} = -10.19\,\text{m}$

30.35 [−] 1.85 [=]

答：$Y_{\text{T2T3}} = 28.50\,\text{m}$

これを $T2T3$ の欄に書き込みます。

表 4.16

測線	測線長 [m]	方向角	緯距 [m]	経距 [m]
T2T101	10.71	154°45′02″	−9.687	4.568
T101T3	23.91	91°10′28″	−0.490	23.905
合計			−10.177	28.473
$T2T3$			−10.19	28.50
誤差			0.013	−0.027

「合計」から $T2T3$ を引いたものが緯距、経距の誤差になります。誤差調整で使うため、E_X と E_Y をそれぞれメモリー A と B に入れておきます。

−10.177 [−] −10.19 [STO] [A]

答：$E_X = 0.013\,\text{m}$

28.473 [−] 28.5 [STO] [B]

答：$E_Y = -0.027\,\text{m}$

[Pol] [A] [,] [B] [=]

答：$E = 0.02996666481\,\text{m}$, $\theta = -64.29884622°$

[NOTE]　本問は土地家屋調査士試験の過去問題ですが、E が 0.03 にきわめて近い値である点に注目します。これは偶然ではないでしょう（→ p.66）。

A6.　均等法なので式 (4.26), (4.27) を利用します。N は調整を行う座標点の数なので、本問では $N = 2$ です。

■ Step 1　**緯距の調整**

−9.687 [−] [A] [÷] 2 [=]

答：$X_{\text{T2T101}} = -9.6935\,\text{m}$

[→] (−9.687 ⇒ −0.490) [=]

答：$X_{\text{T101T3}} = -0.4965\,\text{m}$

表 4.17

測線	調整前		調整後	
	緯距 [m]	経距 [m]	緯距 [m]	経距 [m]
T2T101	−9.687	4.568	−9.69	4.58
T101T3	−0.490	23.905	−0.50	23.92
合計	−10.177	28.473	−10.19	28.50
T2T3	−10.19	28.50	−10.19	28.50
誤差	0.013	−0.027	0	0

■ Step 2　経距の調整

4.568 [−] [B] [÷] 2 [=]　　　　　　　　　　　　答：$Y_{T2T101} = 4.5815\,\mathrm{m}$

[→] (4.568 ⇒ 23.905) [=]　　　　　　　　　　　答：$Y_{T101T3} = 23.9185\,\mathrm{m}$

[NOTE]　小数点以下 3 桁目を四捨五入、表に書き込みます。

■ Step 3　閉合差がゼロになったことを確認

−9.69 [−] −0.50 [=]　　　　　　　　　　　　　答：$-10.19\,\mathrm{m}$

4.58 [+] 23.92 [=]　　　　　　　　　　　　　　答：$28.50\,\mathrm{m}$

A7.

表 4.18

測線	調整前		調整後	
	緯距 [m]	経距 [m]	緯距 [m]	経距 [m]
T2T101	−9.687	4.568	−9.69	4.58
T101T3	−0.490	23.905	−0.50	23.92
合計	−10.177	28.473	−10.19	28.50
T2T3	−10.19	28.50	−10.19	28.50
誤差	0.013	−0.027	0	0

コンパス法なので式 (4.30), (4.31) を利用します。

■ Step 1　測線長の合計を計算、メモリー C に入れる

10.71 [+] 23.91 [STO] [C]　　　　　　　　　答：$\sum S = 34.62\,\mathrm{m}$

■ Step 2　**T2T101** の調整

−9.687 [−] [A] [×] 10.71 [÷] [C] [=]　　　答：$X_{T2T101} = -9.691021664\,\mathrm{m}$

[→] (−9.687 ⇒ 4.568) [→] (A ⇒ B) [=]　答：$Y_{T2T101} = 4.576352686\,\mathrm{m}$

■ Step 3　**T101T3** の調整

−0.490 [−] [A] [×] 23.91 [÷] [C] [=]　　　答：$X_{T101T3} = -0.4989783362\,\mathrm{m}$

$\boxed{\rightarrow}$ $(-0.490 \Rightarrow 23.905)$ $\boxed{\rightarrow}$ $(A \Rightarrow B)$ $\boxed{=}$　　答：$Y_{T101T3} = 23.92364731\,\mathrm{m}$

$\boxed{\text{NOTE}}$　小数点以下 3 桁目を四捨五入、表に書き込みます。

■ Step 4　閉合差がゼロになったことを確認

-9.69 $\boxed{-}$ -0.50 $\boxed{=}$　　　　　　　　　　　　　　　　答：$-10.19\,\mathrm{m}$

4.58 $\boxed{+}$ 23.92 $\boxed{=}$　　　　　　　　　　　　　　　答：$28.50\,\mathrm{m}$

A8.　$X_{T101} = 4.04\,\mathrm{m}$, $Y_{T101} = 6.43\,\mathrm{m}$

　　T2 の座標を出発点として、緯距・経距を足します。

X_{T101}　　　13.73 $\boxed{+}$ -9.69 $\boxed{=}$　　　　　答：$X_{T101} = 4.04\,\mathrm{m}$

Y_{T101}　　　1.85 $\boxed{+}$ 4.58 $\boxed{=}$　　　　　　答：$Y_{T101} = 6.43\,\mathrm{m}$

CHAPTER 5

点の座標と面積の計算

前章では、トラバース測量によって未知点の座標を決定する方法について学びました。本章では、決定された座標を使って行う種々の計算について学びます。計算は主に

　a　新たな座標点の決定
　b　面積の計算

の二つに分かれます。

5.1　内分点の計算

　図5.1のように点Aと点Bの座標が与えられているとき、測線 AB 上のどこかに指定された点Cの座標を決定する計算について考えましょう。点Cを指定する方法として、二つが考えられます。一つは AC の長さ S を直接与える方法、もう一つは C が AB をどのように分割するかを、m と n の比率で表す方法です。どちらにしても、座標変換機能を使い、測線 AB の方向角 α と測線長 AB を求めてから料理します。

　辺長 $AC = S$ が与えられている場合は、トラバース計算の公式で

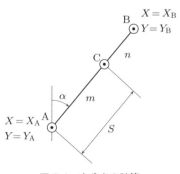

図 5.1　内分点の計算

$$X_C = X_A + S \cos \alpha \qquad\qquad (5.1)$$

$$Y_C = Y_A + S \sin \alpha \qquad\qquad (5.2)$$

と計算します。具体的な問題で肩慣らしをしてみましょう。

例題 5.1 点 A の座標が $(X_A, Y_A) = (0.50, 1.30)\,\mathrm{m}$、点 B の座標が $(X_B, Y_B) = (2.50, 2.50)\,\mathrm{m}$ である。$S = 1.20\,\mathrm{m}$ のとき、点 C の座標を求めなさい。

解答 $X_C = 1.53\,\mathrm{m},\ Y_C = 1.92\,\mathrm{m}$

■ Step 1 **AB の方向角を計算**

[Pol] 2.50 [−] 0.50 [,] 2.50 [−] 1.30 [=]

答：$AB = 2.332380758\,\mathrm{m},\ \alpha_{AB} = 30.96375653°$

■ Step 2 **C の座標を計算**

0.50 [+] 1.20 [cos] [Y] [=]　　　　　　　　答：$X_C = 1.528991511\,\mathrm{m}$

1.30 [+] 1.20 [sin] [Y] [=]　　　　　　　　答：$Y_C = 1.917394907\,\mathrm{m}$

ポイントは、方向角の計算には [Pol] 関数を使えばよいということ、そして、測線長はメモリー X、方向角はメモリー Y に格納されるということです。座標計算の際は、測線 AC の測線長と方向角から [Rec] 関数でトラバース計算を行う、以下の計算方法もよい方法です。

別解

■ Step 1 **AB の方向角を計算**

[Pol] 2.50 [−] 0.50 [,] 2.50 [−] 1.30 [=]

答：$AB = 2.332380758\,\mathrm{m},\ \alpha_{AB} = 30.96375653°$

■ Step 2 **C の座標を計算**

[Rec] 1.20 [,] [Y] [=]　　　答：$X_{AC} = 1.028991511\,\mathrm{m},\ Y_{AC} = 0.6173949065\,\mathrm{m}$

0.50 [+] [X] [=]　　　　　　　　答：$X_C = 1.528991511\,\mathrm{m}$

1.30 [+] [Y] [=]　　　　　　　　答：$Y_C = 1.917394907\,\mathrm{m}$

S が与えられず、比率 m, n が与えられている場合には

$$S = \frac{m}{m+n} AB \tag{5.3}$$

を使い S を求めます。C 点の座標を直接求める式は

$$X_{\mathrm{C}} = X_{\mathrm{A}} + \frac{m}{m+n} AB \cos\alpha \tag{5.4}$$

$$Y_{\mathrm{C}} = Y_{\mathrm{A}} + \frac{m}{m+n} AB \sin\alpha \tag{5.5}$$

です。

例題 5.2 点 A の座標が $(X_{\mathrm{A}}, Y_{\mathrm{A}}) = (0.50, 1.30)\,\mathrm{m}$、点 B の座標が $(X_{\mathrm{B}}, Y_{\mathrm{B}}) = (2.50, 2.50)\,\mathrm{m}$ である。測線 AB を $m{:}n = 3{:}2$ に内分する点 C の座標を求めなさい。

解答 $X_{\mathrm{C}} = 1.70\,\mathrm{m}$, $Y_{\mathrm{C}} = 2.02\,\mathrm{m}$

■ Step 1 **AB の測線長と方向角を計算**

> `Pol` 2.50 `−` 0.50 `,` 2.50 `−` 1.30 `=`

> 答：$AB = 2.332380758\,\mathrm{m}$, $\alpha_{\mathrm{AB}} = 30.96375653°$

`NOTE` ここで、本章の計算を頭からきちんとやっている人は、`↑` で数式履歴を呼び出すだけです。そういう発想ができるようになるというのも練習の一つです。

■ Step 2 **C の座標を計算**

> 0.50 `+` 3 `÷` `(` 3 `+` 2 `)` `×` `X` `cos` `Y` `=`   答：$X_{\mathrm{C}} = 1.70\,\mathrm{m}$

`NOTE` 関数電卓の優先順位のルールにより、`X` の前の `×` は省略できません。

> 1.30 `+` 3 `÷` `(` 3 `+` 2 `)` `×` `X` `sin` `Y` `=`   答：$Y_{\mathrm{C}} = 2.02\,\mathrm{m}$

別解 （Y 座標の計算に数式履歴を利用）

> `→` (0.50 $\Rightarrow$ 1.30) `→` (cos $\Rightarrow$ sin) `=`   答：$Y_{\mathrm{C}} = 2.02\,\mathrm{m}$

5.2 交点の計算

続いて、2直線の交点を求める計算です。これには、XY平面上の直線が図5.2に示されるように

$$Y = aX + b \tag{5.6}$$

という方程式で表すことができる、という性質を利用します。ここで a, b は任意の定数で、a が直線の**傾き**、b が **Y切片**を表します。傾きは図にあるように $a = \dfrac{\Delta Y}{\Delta X}$ で、Y切片は、直線がY軸と交差する位置を表します。

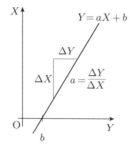

図5.2 測量の XY 座標系とその上の直線の方程式

二つの直線が交わるということは、

$$Y = a_1 X + b_1 \tag{5.7}$$
$$Y = a_2 X + b_2 \tag{5.8}$$

がある X の値のとき同じ Y の値をもつ、ということです。したがって交点を求める計算とは、式 (5.7) と式 (5.8) を同時に満たす (X, Y) の組を見つけよ、ということです。これは、**二元連立一次方程式**の解を求めることにほかなりません。手で計算すると結構面倒ですが、幸い fx-JP500 には**方程式計算機能**があります。本書ではこれを活用して交点を求める方法を練習します。

例題 5.3 連立方程式

$$Y = 3X + 1 \tag{5.9}$$
$$Y = -X - 3 \tag{5.10}$$

を解きなさい。

解答 $X = -1$、$Y = -2$

　まずはモード切り替えです。図 5.3 を見ながら操作してみてください。方程式計算機能は **MENU** キーで呼び出します*。

　MENU **6**

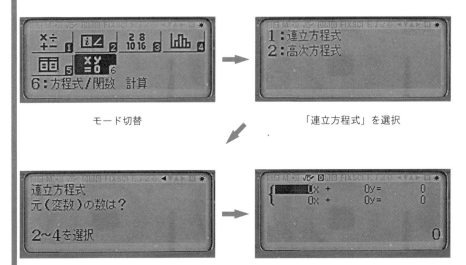

　　　　モード切替　　　　　　　　　　　　　　「連立方程式」を選択

　元（変数の数）は 2　　　　　　　　　　　　　係数入力画面

図 5.3　fx-JP500 の方程式計算機能

方程式計算モードに入ると、方程式選択メニューが出ます。今は二元連立一次方程式ですから、まず **1**（連立方程式）を選びます。次に、方程式の元（変数）の数を入力する画面になります。今は X, Y の 2 元ですので **2** を入力します。

　1　連立方程式
　2　2 元

　ここまで入力すると、係数の入力画面が出ます。電卓の方程式計算機能は、一次関数を

$$aX + bY = c \tag{5.11}$$

の形で入力する必要があります。式 (5.9) と式 (5.10) を変形すれば

$$-3X + Y = 1 \tag{5.12}$$

$$X + Y = -3 \tag{5.13}$$

---

* fx-JP700, fx-JP900 では操作キーが違います。**MENU** から十字キーで選択してください。

です。入力していきましょう。数値入力、■キーでそれぞれのセルの値は確定し、隣のセルの入力に移ります。

$$-3 \;■\; 1 \;■\; 1 \;■\;$$
$$1 \;■\; 1 \;■\; -3 \;■\;$$

入力を間違えたら十字キーを使って戻ります。最後に■キーを押せば、解が表示されます。

■ 　　　　　　　　　　　　　　　　　　　　　　答：$X = -1$
■ 　　　　　　　　　　　　　　　　　　　　　　答：$Y = -2$

残念ながら、X と Y を同時に表示する機能はありません。X と Y の表示切り替えは ↑ ↓ キー、または ■ キーです。■ キーを3回押すと、再び入力画面に戻ります。

方程式計算モードから抜けたいときは

MENU 1

で通常の計算モードに戻ります。

直線を表す式にはこういう形式もあります。

$$(Y - Y_0) = a(X - X_0) \tag{5.14}$$

ここで a は傾き、(X_0, Y_0) はある点の座標です。変形すれば、上式は

$$Y = aX + (Y_0 - aX_0) \tag{5.15}$$

で、間違いなく一次方程式です。この形式の面白いところは、直線が (X_0, Y_0) を通り、傾きが a ということが見ただけでわかるという点です。直線の方程式は、傾きと、その直線が通る点を一カ所指定すれば一つに決まります。したがって、式 (5.14) の方程式は「(X_0, Y_0) を通り傾きが a」という直線の方程式を作るもっとも手っ取り早い方法なのです。

よく似た定義に、「(X_0, Y_0) を通り、方向角が α である直線」というものがあります。これは方向角を α とすれば傾き $a = \tan\alpha$ ですので、式は以下のとおりです。

$$(Y - Y_0) = \tan\alpha(X - X_0) \tag{5.16}$$

この考え方を応用して、「2点を通る直線の方程式」を作ることができます。2点

が指定されていれば緯距 ΔX、経距 ΔY が定義されますから、方程式の傾きは定義により $a = \Delta Y / \Delta X$ です。あとは 2 点のうち 1 点を通ることにして式 (5.14) を適用すればよいわけです。どちらの点を使っても、$Y = \cdots$ の形に変形すればまったく同じ形になります。

例題を使い、ここまで習ったことを応用します。

例題 5.4　図 5.4 の土地を測量し、表 5.1 の成果を得た。P 点の座標を決定しなさい。

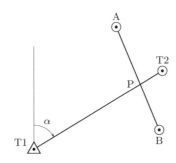

図 5.4　交点を求める問題

表 5.1　測点と機械点の座標

機械点	測点	方向角	測線長 [m]	X 座標 [m]	Y 座標 [m]
T1	T2	59°06′00″	10.50	6.60	8.80
	A			14.70	14.60
	B			7.80	17.60

解答　$X_\mathrm{P} = 11.03\,\mathrm{m}$, $Y_\mathrm{P} = 16.20\,\mathrm{m}$

方程式計算モードに入る前に、測線 AB と測線 T1T2 の傾きを計算し、メモリーに入れておきます。指定点を通る一次関数（式 (5.14)）を方程式計算モードに入力する形式（式 (5.11)）に変形すると、以下のようになります。

$$aX - Y = aX_0 - Y_0 \tag{5.17}$$

この形を覚えて、a と $aX_0 - Y_0$ をそれぞれ計算し、方程式の係数 a, c のセルへ代入します。b のセルはもちろん -1 ですね。

■ Step 1　**T1T2 の傾きを計算、メモリー A に入れる**

[tan] 59°06′00″ [STO] [A]　　　　　　　　　　　答：$a = 1.670878245$

- Step 2 **AB** の傾きを計算、メモリー B に入れる

  `(` 17.6 `−` 14.6 `)` `÷` `(` 7.8 `−` 14.7 `STO` `B`　　　答：$a = -0.4347826087$

- Step 3 二元連立方程式計算モードに入る

  `MENU` `6` `1` `2`

- Step 4 係数代入

  `A` `=` −1 `=` 6.60 `A` `−` 8.80 `=`

  `B` `=` −1 `=` 14.70 `B` `−` 14.60 `=`

- Step 5 解答を得る

  `=`　　　　　　　　　　　　　　　　　　答：$X_\mathrm{P} = 11.02698981\,\mathrm{m}$

  `=`　　　　　　　　　　　　　　　　　　答：$Y_\mathrm{P} = 16.19696095\,\mathrm{m}$

5.3　直交する直線、平行な直線

　続いて、ある点を通り、ある直線に直交する直線、および平行な直線を表す式について考えます。まずは直交する直線から。点 (X_0, Y_0) を通り、傾き a の直線があるとします。数式では

$$(Y - Y_0) = a\,(X - X_0) \tag{5.18}$$

です。この直線と (X_0, Y_0) で交わり、直交する直線の式は、a を適切な値に変えれば得られます。その適切な値とは「傾きがマイナスかつ逆数」です（図 5.5）。したがって、式 (5.18) に直交する直線の式は

$$(Y - Y_0) = -\frac{1}{a}\,(X - X_0) \tag{5.19}$$

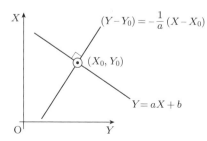

図 5.5　ある直線と、それに直交する直線の関係

です。例題を解いてみましょう。

例題 5.5 方向角が $27°06'00''$ の測線 AB に垂直で、点 $(X_0, Y_0) = (4.50, 1.70)$ を通る直線の式を求めなさい。

解答 $Y = -1.954171346X + 10.49377106$

傾きを $\tan \alpha$ で計算し、逆数をとり符号を入れ換えます。

[**tan**] 27°06′00″ [**=**] [x^{-1}] [**=**] [**(−)**] [**=**]　　　　　　　　　答：-1.954171346

直線の式は

$$(Y - 1.70) = -1.954171346(X - 4.50) \tag{5.20}$$

で、この段階で解答は得られています。必要なら、$Y = aX + b$ の形に変形します。b を求めましょう。

[**×**] −4.5 [**+**] 1.70 [**=**]　　　　　　　　　　　　　答：10.49377106

次に、図 5.6 のように、(X_0, Y_0) を通り、$Y = aX + b$ に平行な直線の表式を考えます。平行であるためには傾きが同じであればよいので、これは

$$(Y - Y_0) = a(X - X_0) \tag{5.21}$$

と、簡単に求められます。

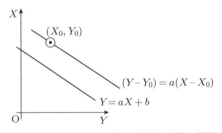

図 5.6　ある直線と、それに平行な直線の関係

次に、ある直線 AB を、指定された距離 d だけ右側に平行移動した直線の式について考えます（図 5.7）。この場合の「右」とは、A から B を向いて右、という意味です。移動距離 d は直線に垂直な方向に測りますが、これを Y 軸に平行な方向の移動距離 ΔY に換算することができます。もとの直線の傾きを a とすれば、方向角は

$$\alpha = \tan^{-1} a \tag{5.22}$$

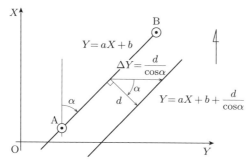

図 5.7 ある直線を指定された距離だけ平行移動する

で求められます。**図 5.7** より、新しい直線の式は、傾きはもとの直線と同じで Y 切片が $\Delta Y = d/\cos\alpha$ だけ増加した、

$$Y = aX + b + \frac{d}{\cos\alpha} \tag{5.23}$$

となります。移動方向が右側のときは ΔY を加え、左側のときは ΔY を引きます。この関係は、α がマイナスでも、鈍角でも成り立ちます。ポイントは、測線 AB の方向角と測線 BA の方向角は異なり、**図 5.7** の場合、「測線 BA の右側への移動」は絶対座標では $-Y$ 方向になるという点です。計算するときは $+Y$、$-Y$ を意識するのではなく、測線を「右」と「左」のどちらに動かすかで符号を判断してください。

例題 5.6　直線 $Y = -1.5X + 2.0$ で表される直線を、北東側に $0.90\,\mathrm{m}$ 平行移動した直線の方程式を求めなさい。

解答　$Y = -1.5X + 3.622498074$

　測線の始点・終点が与えられていないときは、線は X の小さいほうから大きいほうに走る、とします。したがって本問は「右」への移動です（図 5.8）。

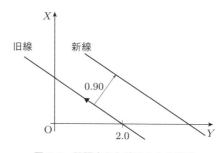

図 5.8　問題文から移動方向を確認

| tan⁻¹ | −1.5 | = |

答：$\alpha = -56.30993247°$

| 2 | + | 0.90 | ÷ | cos | Ans | = |

答：$3.622498074\,\mathrm{m}$

　土地家屋調査士試験で頻出するのが、**道路の境界線**の交点の問題です。今までの問題と異なり、交点を計算する 2 直線のどちらも、「通る点」が指定されないのが特徴です。どう料理すればよいでしょうか。

例題 5.7　図 5.9 のような道路がある。測点 A, B, C の座標は表 5.2 に示すとおりである。道路の幅員が図に示すとおりであるとき、P 点の座標を求めなさい。

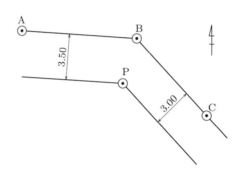

図 5.9　道路の交点を求める

表 5.2　機械点の座標

機械点	X 座標 [m]	Y 座標 [m]
A	15.20	7.80
B	14.60	16.70
C	8.70	22.30

解答　$X_\mathrm{P} = 11.15\,\mathrm{m}$, $Y_\mathrm{P} = 15.84\,\mathrm{m}$

　測線 AB に平行な直線と測線 BC に平行な直線の交点を求める問題です。

■ Step 1　**AB の方向角を計算、メモリー A に入れる**

| Pol | 14.6 | − | 15.2 | , | 16.7 | − | 7.8 | = |

| Y | STO | A |

答：$AB = 8.920201791\,\mathrm{m}$, $\alpha_\mathrm{AB} = 93.85680099°$

NOTE　傾き $a = \tan\alpha_\mathrm{AB}$ を求めてメモリーに入れてもよいのですが、保存には A ではなく別のメモリーを使ってください。α_AB も後で使います。

■ Step 2　BC の方向角を計算

　　　　`Pol` 8.7 `−` 14.6 `,` 22.3 `−` 16.7 `=`

答：$BC = 8.134494453\,\mathrm{m}$, $\alpha_{\mathrm{BC}} = 136.494336°$

■ Step 3　二元連立方程式計算モードに入る

　　　　`MENU` `6` `1` `2`

　ここで、問題の設定に合わせて数式 (5.21) の変形を考えます。$(Y - Y_0) = a(X - X_0)$ で表された直線を d だけ右に平行移動し、さらに方程式計算モードで入力可能な形式に変換すると以下の形になります。

$$aX - Y = aX_0 - Y_0 - \frac{d}{\cos\alpha} \tag{5.24}$$

今度は、右に動くときには引き算で、左に動くときには足し算で入力します。本問では AB に平行な直線も、BC に平行な直線も、もとの直線から見て右に動いていますので、$d/\cos\alpha$ を引きます。

■ Step 4　係数代入

　　　　`tan` `A` `=` −1 `=` 15.20 `tan` `A` `)` `−` 7.80 `−` 3.50 `÷` `cos` `A` `=`
　　　　`tan` `Y` `=` −1 `=` 14.60 `tan` `Y` `)` `−` 16.70 `−` 3.00 `÷` `cos` `Y` `=`

■ Step 5　解答を得る

　　　　`=`　　　　　　　　　　　　　　　　　答：$X_{\mathrm{P}} = 11.15015103\,\mathrm{m}$
　　　　`=`　　　　　　　　　　　　　　　　　答：$Y_{\mathrm{P}} = 15.8382493\,\mathrm{m}$

5.4　三角形の面積

　続いて、面積の計算について考えましょう。もっとも辺の数が少ない多角形は三角形です。あらゆる多角形は、対角線を引いていけば最終的には三角形の集合で表すことができます。したがって三角形は平面図形の「原子」のようなもので、土地の面積計算は、任意の形状の土地を三角形に分解し、おのおのの三角形の面積を足すことによって行われます。

　もっとも基本的な三角形の面積計算の公式は

$$S = [\text{底辺}] \times [\text{高さ}] \div 2 = b \times h \div 2 \tag{5.25}$$

です（図 5.10）。しかし、三角形の底辺の長さと高さがつねにわかっているわけで

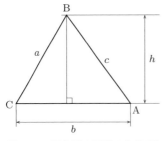

図 5.10　三角形の面積の公式 (1)

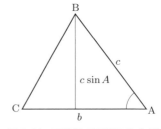

図 5.11　三角形の面積の公式 (2)

はありません。

　続いて、図 5.11 のように、二辺夾角がわかっているときの面積の公式です。$c \sin A$ を計算すれば三角形の高さ h がわかりますから、そのまま面積の公式 (5.25) にあてはめれば

$$S = \frac{bc}{2} \sin A \tag{5.26}$$

となります。具体例で練習しましょう。

例題 5.8　図 5.11 において、$b = 2.5\,\mathrm{m}$, $c = 2.3\,\mathrm{m}$, $A = 48°15'00''$ であった。面積を求めなさい。

解答　$2.14\,\mathrm{m^2}$

0.5 ⊠ 2.5 ⊠ 2.3 sin 48°15′00″ ＝　　　　　　答：$2.144914953\,\mathrm{m^2}$

　不動産登記法 100 条には、「宅地面積は小数点以下 3 桁目を切り捨てて表記する」とあります。土地家屋調査士試験でも同様の指示になっていますので、本書でもそれに倣います。

　最後に、3.4 節で登場したヘロンの公式を再掲します。図 5.12 のように 3 辺の

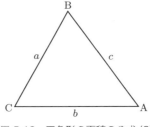

図 5.12　三角形の面積の公式 (3)

長さがわかっているとき、三角形の面積 S は

$$S = \sqrt{s(s-a)(s-b)(s-c)} \tag{5.27}$$

$$\text{ただし}\quad s = \frac{1}{2}(a+b+c) \tag{5.28}$$

で計算できます。s が何度も出てきますので、計算には 3.4 節で述べたようにラストアンサーを活用します。復習のためもう一度やってみましょう。

例題 5.9 図 5.12 において、$a = 5.32\,\mathrm{m}$, $b = 3.15\,\mathrm{m}$, $c = 2.26\,\mathrm{m}$ であった。三角形の面積を求めなさい。

解答 $1.28\,\mathrm{m}^2$

0.5 [(] 5.32 [+] 3.15 [+] 2.26 [=] 　　　　　　　　　　　答：$5.365\,\mathrm{m}$

[√] [Ans] [(] [Ans] [−] 5.32 [)] [(] [Ans] [−] 3.15 [)] [(] [Ans] [−] 2.26 [=]

　　　　　　　　　　　　　　　　　　　　　　　　答：$1.288572289\,\mathrm{m}^2$

5.5 多角形の面積

多角形の面積を計算する方法は、大きく分けて

▷ 幾何の公式を使う方法
▷ 座標の数値から直接計算する方法

があります。本節では幾何的方法について考えます。

幾何学の公式で面積が求められる多角形は、三角形と一部の四角形だけです（正多角形など例外もありますが）。したがって、一般的な多角形の面積を計算するとき、これを対角線で複数の三角形に分割し、おのおのの三角形の面積を計算して合計します。これを**三斜法**とよび、測量の世界では標準的に用いられています。建築や測量に無縁な方でも、図 5.13 のような図を見たことはあるのではないでしょうか。三斜法で分割された三角形は、底辺を一点斜線、高さを破線で表すのがルールです。

図 5.13 の場合、多角形 ABCDE の面積は、おのおのの三角形の面積を合計し、

$$S = \frac{1}{2}(a_1 h_1 + a_1 h_2 + a_2 h_3) \tag{5.29}$$

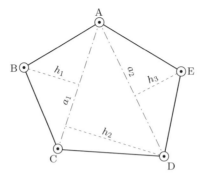

図 5.13　三斜法で多角形を三角形に分解する

となります。

　もとの図形をどのように分割するかに決まったルールはありませんが、底辺が共通の三角形をなるべく多く作るのがポイントです。では、座標点が与えられているとき、おのおのの三角形の底辺、高さはどのように求めればよいのでしょうか。例題で考えます。

例題 5.10　図 5.13 の多角形についてトラバース測量を行い、以下の座標を得た。この多角形を図に示したように三斜法で分割したい。a_1, a_2 と h_1, h_2, h_3 を求めなさい。

表 5.3　機械点の座標

機械点	X 座標 [m]	Y 座標 [m]
A	7.56	5.85
B	5.73	2.62
C	2.21	4.08
D	2.01	8.60
E	5.51	9.42

解答　$a_1 = 5.64\,\mathrm{m}, a_2 = 6.19\,\mathrm{m}$
　　　$h_1 = 2.49\,\mathrm{m}, h_2 = 4.35\,\mathrm{m}, h_3 = 2.29\,\mathrm{m}$

■ Step 1　測線 AC, AD の測線長と方向角を計算、結果をメモリー A, B, C, D に入れる

測線 AC　　**Pol** 2.21 **−** 7.56 **,** 4.08 **−** 5.85 **=**

　　　　　　　　　　　　　答：$a_1 = 5.635192987\,\mathrm{m}, \alpha_{\mathrm{AC}} = -161.693661°$

| ☒ | STO | Ⓐ | a_1 を A へ |
| ☒ | STO | Ⓑ | α_{AC} を B へ |

測線 AD　　↑ ↑ → (2.21 ⇒ 2.01) → (4.08 ⇒ 8.60) =

答：$a_2 = 6.19394866\,\text{m}$, $\alpha_{AD} = 153.6417919°$

| ☒ | STO | Ⓒ | a_2 を C へ |
| Ⓨ | STO | Ⓓ | α_{AD} を D へ |

■ Step 2　h_1 を計算。公式は $h_1 = AB \sin(\alpha_{AB} - \alpha_{AC})$

測線 AB　　↑ ↑ → (2.01 ⇒ 5.73) → (8.60 ⇒ 2.62) =

答：$AB = 3.712384678\,\text{m}$, $\alpha_{AB} = -119.5343064°$

Ⓧ sin Ⓨ − Ⓑ =　　　　　　　　　　答：$h_1 = 2.491733652\,\text{m}$

■ Step 3　h_2 を計算。公式は $h_2 = AD \sin(\alpha_{AC} - \alpha_{AD})$

Ⓒ sin Ⓑ − Ⓓ =　　　　　　　　　　答：$h_2 = 4.354065612\,\text{m}$

■ Step 4　h_3 を計算。公式は $h_3 = AE \sin(\alpha_{AD} - \alpha_{AE})$

測線 AE　　↑ ↑ → (5.73 ⇒ 5.51) → (2.62 ⇒ 9.42) =

答：$AE = 4.116721997\,\text{m}$, $\alpha_{AE} = 119.8657219°$

Ⓧ sin Ⓓ − Ⓨ =　　　　　　　　　　答：$h_3 = 2.288685422\,\text{m}$

何種類かの四角形には、面積計算の公式があります。図 5.14 にまとめて示します。

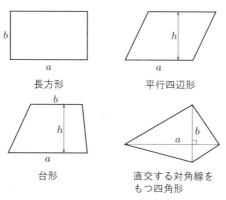

図 5.14　四角形の面積公式

■ 長方形

$$S = ab \tag{5.30}$$

■ 平行四辺形

$$S = ah \tag{5.31}$$

■ 台形

$$S = \frac{h}{2}(a + b) \tag{5.32}$$

■ 直交する対角線をもつ四角形

$$S = \frac{ab}{2} \tag{5.33}$$

しかし、図 5.14 を見てわかるように、四角形の面積が幾何的に計算可能であるためには「直角」か「平行」の条件が必要です。適当に選んだ測点どうしを結んだ線分が偶然こうなることはありませんから、実際の土地の測量でこれらの公式が使えるチャンスはあまりありません。一方、試験問題では、計算を簡単にするため、平行線が登場することがよくありますから、覚えておいて損はないでしょう。

5.6　等積変形

面積を変えずに多角形の辺の数を減らす問題が出されることがあります。このとき使われるのが、「底辺が共通で高さが同じ三角形は、頂点がどこにあっても面積は一定」という定理です。

例題 5.11　図 5.15 のような四辺形の土地 ABCD がある。点の座標は

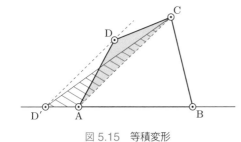

図 5.15　等積変形

表 5.4　機械点の座標

機械点	X 座標 [m]	Y 座標 [m]
A	1.20	1.80
B	1.20	5.80
C	4.30	5.10
D	3.50	3.00

表 5.4 に示すとおりである。BA を A の方向に延長し、そこに点 D′ をとり、ABCD と面積の等しい三角形 D′BC を作りたい。D′ の座標を求めなさい。

解答 $X_{D'} = 1.20\,\text{m}$, $Y_{D'} = 0.55\,\text{m}$

直線 AC に平行、かつ点 D を通る直線が直線 AB と交わる点が D′ の座標です。解き方の順番は

(1) AC の傾き a を求める
(2) D を通り傾きが a の直線の方程式を求める
(3) AB の方程式を求める
(4) 二つの方程式の交点を求める

です。

■ Step 1　**AC の傾きを計算、メモリー A に入れる**

    ❨ 5.10 ▬ 1.80 ❩ ÷ ❨ 4.30 ▬ 1.20 STO A　　　　　答：$a = 1.064516129$

■ Step 2　**二元連立程式計算モードに入る**

    MENU 6 1 2

■ Step 3　**係数代入**

D を通り傾きが a の直線の方程式は $X - Y = aX_D - Y_D$、AB の方程式は $X = 1.20$ です。

NOTE　直線 AB の方程式には Y がないので、方程式計算モードでは入力に工夫が必要です。それぞれのセルに 1, 0, 1.20 を代入します。

    A ＝ −1 ＝ 3.50 A ▬ 3.00 ＝
    1 ＝ 0 ＝ 1.20 ＝

■ Step 4　**解答を得る**

    ＝ S↔D　　　　　　　　　　　　　　　　　　　答：$X_{D'} = 1.2\,\text{m}$

    ＝ S↔D　　　　　　　　　　　　　　　　　　　答：$Y_{D'} = 0.5516129032\,\text{m}$

NOTE　方程式計算モードでは、解が分数で表示されることがあります。このときは S↔D キーを押すと小数表示になります。

この問題には別の解き方もあります。$X_{D'} = 1.2\,\text{m}$ は自明なので、問題は「直線 AC に平行、かつ点 D を通る直線上の、$X = 1.2$ のときの Y を求めなさい」と置き換えられ、こう考えると計算量が大幅に減ります。こういった、いわばズル（チート）をする解答方法は一般化できないため、本来はあまり教えるべきではないので

しょう。しかし、どんな手段を使っても正解は正解です。

■ Step 1　AC の傾きを計算

$$(5.10 - 1.80) \div (4.30 - 1.20) = \qquad 答：a = 1.064516129$$

■ Step 2　$Y_{\mathrm{D}'} = a (X_{\mathrm{D}'} - X_{\mathrm{D}}) + Y_{\mathrm{D}}$ を計算

$$\boxed{\text{Ans}} (1.20 - 3.50) + 3.00 = \qquad 答：Y_{\mathrm{D}'} = 0.5516129032 \,\mathrm{m}$$

5.7　図形分割

次に、1 本の直線で土地を 2 分割する問題について考えます。これは**分筆**（→ 6.3 節）といって、もともとの土地を複数の権利者に分割するための作業で、土地家屋調査士の重要な業務の一つです。

例題 5.12　図 5.16 に示される土地 ABCD を、点 C と AB 上の点 Q を結ぶ直線によって（イ）部と（ロ）部の面積が等しくなるように分筆したい。測点

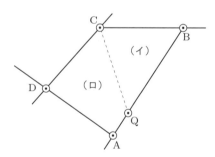

図 5.16　土地の分筆

表 5.5　機械点の座標

機械点	X 座標 [m]	Y 座標 [m]
A	50.00	20.00
B	71.72	32.54
C	71.72	17.54
D	60.79	9.40

（平成 10 年度土地家屋調査士試験より改題）

の座標は表 5.5 に示されるとおりで、地積は計算の結果 $264.74\,\mathrm{m^2}$ であった。Q 点の座標を求めなさい。

解答 $X_\mathrm{Q} = 54.07\,\mathrm{m}$, $Y_\mathrm{Q} = 22.35\,\mathrm{m}$

　問題は、三角形 BCQ の面積が $132.37\,\mathrm{m^2}$ になるように Q 点の座標を定めなさい、ということになります。三角形の面積の公式をどう使ったらよいでしょうか。交角 QBC を使い、

$$S = \frac{1}{2}(BQ)(BC)\sin(QBC) = 132.37 \tag{5.34}$$

となる BQ の長さを求めてみたらどうでしょう。

- Step 1 　**BA** の方向角を計算、メモリー M に入れる

　　　[Pol] 50.00 [−] 71.72 [,] 20.00 [−] 32.54 [=]

　　　　　　　　　　　答：$BA = 25.08007177\,\mathrm{m}$, $\alpha_\mathrm{BA} = -150.0000947°$

　　　[Y] [STO] [M]

- Step 2 　**BC** の方向角を計算

　　　[↑] [→] (50.00 ⇒ 71.72) [→] (20.00 ⇒ 17.54) [=]

　　　　　　　　　　　答：$BC = 15\,\mathrm{m}$, $\alpha_\mathrm{BC} = -90°$

- Step 3 　式 (5.34) を用いて BQ を求め、メモリー A に入れる

　　　264.74 [÷] [(] [sin] [Y] [−] [M] [)] [×] [STO] [A] 　　　答：$BQ = 20.37967526\,\mathrm{m}$

- Step 4 　Q 点の座標を求める

　　　71.72 [+] [A] [cos] [M] [=] 　　　　　　　　　答：$X_\mathrm{Q} = 54.07066667\,\mathrm{m}$

　　　32.54 [+] [A] [sin] [M] [=] 　　　　　　　　　答：$Y_\mathrm{Q} = 22.35019153\,\mathrm{m}$

　以上がこの問題の一般的解法ですが、土地家屋調査士試験にはいろいろなところで解答者が楽をできるヒントが隠されている、という特徴があります。この問題についていえば、測線 BC が Y 軸に平行なため、三角形の面積の公式 (5.25) を使って三角形 QBC の高さ h（図 5.17）を求めておけば、これが BQ の緯距になる、という秘密が隠されています。例によって試験に特化した「チート」ですが、これを見破ると、正統なやり方に比べ、考え方の筋道がかなり単純になることがわかります。

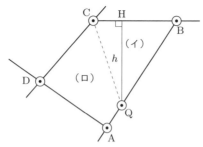

図 5.17　例題 5.12 の別解

> **別解**

■ Step 1　h を計算

264.74 [÷] [（] 32.54 [−] 17.54 [STO] [A]　　　　　　　答：$h = 17.64933333\,\mathrm{m}$

■ Step 2　Q の X 座標を計算

71.72 [−] [Ans] [=]　　　　　　　　　　　答：$X_Q = 54.07066667\,\mathrm{m}$

■ Step 3　BA の方向角を計算

[Pol] 50.00 [−] 71.72 [,] 20.00 [−] 32.54 [=]

　　　　　　　　　答：$BA = 25.08007177\,\mathrm{m}$, $\alpha_{BA} = -150.0000947°$

■ Step 4　∠QBC を計算

−90 [−] [Y] [=]　　　　　　　　　　答：$\angle QBC = 60.00009466°$

[NOTE]　BC の方向角が $-90°$ であることを利用しています。

■ Step 5　BH の測線長を計算

[A] [÷] [tan] [Ans] [=]　　　　　　　　答：$BH = 10.18980847\,\mathrm{m}$

■ Step 6　Q の Y 座標を計算

32.54 [−] [Ans] [=]　　　　　　　　　答：$Y_Q = 22.35019153\,\mathrm{m}$

5.8　座標法による面積計算

　多角形を構成する頂点の座標がすべてわかっていれば、以下の公式によっても面積が求められます。計算量は多いですが、単純に端から座標を数式に代入していく

だけで面積が求められるので、表計算ソフトが普及している現代ではこちらが主流といえるでしょう。加えて、平成17年の不動産登記法改正の影響を受け、土地家屋調査士試験では毎年必ず座標法による面積計算が出題されるようになりました。試験では、表計算ソフトを使うわけにはいきません。これを関数電卓で行うための、計算方法の工夫について学びます。

はじめに公式を示します。

■ **定理**　平面上に点 $P_1, P_2, \ldots, P_n$ が定義されており、それぞれの x, y 座標を x_i, y_i とすると、面積は以下の公式で求められる。

$$S = \frac{1}{2}\left|x_1\left(y_n - y_2\right) + x_2\left(y_1 - y_3\right) + x_3\left(y_2 - y_4\right) + \cdots + x_n\left(y_{n-1} - y_1\right)\right| \tag{5.35}$$

ポイントは、ある x_i に掛かるのは「一つ前」の y 座標から「一つ後」の y 座標を引いたもの（つまり $y_{i-1} - y_{i+1}$）である、というところです。ただし x_1 と x_n は例外で、それぞれ y_n, y_1 を利用します。絶対値が付くのは、$P_1, P_2, \ldots, P_n$ がどちら回りに定義されているかによって、計算結果がマイナスになることがあるためです。

x と y を入れ換えた

$$S = \frac{1}{2}\left|y_1\left(x_n - x_2\right) + y_2\left(x_1 - x_3\right) + y_3\left(x_2 - x_4\right) + \cdots + y_n\left(x_{n-1} - x_1\right)\right| \tag{5.36}$$

が成立するのはいうまでもありませんが、測量の教科書では式 (5.35) の形で教えることが多いようです。本書でもそれに倣いましょう。

例題 5.13　平面上の四角形の土地 ABCD を測量し、表 5.6 のような座標を得た。面積を計算しなさい。

表 5.6　座標法による面積計算の例

機械点	X 座標 [m]	Y 座標 [m]
A	12.6	8.5
B	14.6	13.5
C	18.6	14.5
D	22.6	8.5

（平成17年度土地家屋調査士試験より改題）

解答 $39.00\,\mathrm{m}^2$

計算ミスを防ぐため、以下のような表を作ります。

表 5.7　座標法による面積計算の表

機械点	X_i	Y_i	$Y_{i-1} - Y_{i+1}$	$X_i(Y_{i-1} - Y_{i+1})$
A	12.6	8.5	-5.0	-63
B	14.6	13.5	-6.0	-87.6
C	18.6	14.5	5.0	93
D	22.6	8.5	6.0	135.6
合計			0	78

fx-JP500 には 9 個のメモリーが付いていますから、$(Y_{i-1} - Y_{i+1})$ を片っ端から入れていきましょう。計算の手間が省けますし、検算が楽にできます。

■ Step 1　$(Y_{i-1} - Y_{i+1})$ の計算と代入

8.5 − 13.5 STO A　　　　　　　　　　　　　　　　　　　　　　　　答：$-5\,\mathrm{m}$

8.5 − 14.5 STO B　　　　　　　　　　　　　　　　　　　　　　　　答：$-6\,\mathrm{m}$

⋮

■ Step 2　検算

すべてのメモリー内容を足します。計算が正しければ、合計はゼロになります。

A + B + C + D =　　　　　　　　　　　　　　　　　　　　　　　　答：0

■ Step 3　部分和の計算

[NOTE] ここで M+ キーを活用します。

0 STO M　　メモリー M のクリア

12.6 A M+　　　　　　　　　　　　　　　　　　　　　　　　　答：$-63\,\mathrm{m}^2$

14.6 B M+　　　　　　　　　　　　　　　　　　　　　　　　　答：$-87.6\,\mathrm{m}^2$

⋮

M =　　　　　　　　　　　　　　　　　　　　　　　　　　　答：$78\,\mathrm{m}^2$

[NOTE] ここでメモリー M に入っているのは $X_i(Y_{i-1} - Y_{i+1})$ の合計で、これは求める面積の 2 倍の値です。これを測量学では「倍面積」とよんでいます。

■ Step 4　面積の計算

÷ 2 =　　　　　　　　　　　　　　　　　　　　　　　　　　　答：$39\,\mathrm{m}^2$

測点が 4 点のみの面積計算がしばしば出題されますが、この場合、式 (5.35) は次のように変形できます。

$$S = \frac{1}{2} \left| (x_1 - x_3)(y_2 - y_4) - (x_2 - x_4)(y_1 - y_3) \right| \tag{5.37}$$

　これくらいなら、何とか覚えられそうです。もう一度上の問題を、式 (5.37) を使って解いてみてください。

別解

0.5 〔 〔 12.6 − 18.6 〕 〔 13.5 − 8.5 〕 − 〔 14.6 − 22.6 〕 〔 8.5 − 14.5 =　　　　　　　　　　　　　　　　　　　　　　　　　答：−39 m²

　答えがマイナスで出ましたが、前述のように正しくは絶対値をとった正の値が面積です。

　なお、座標による面積計算はあくまで座標間の相対距離に基づくものですから、すべての座標から同じ値を引き去っても結果は同じになります。たとえば、今の問題によく似た

表 5.8　座標法による面積計算の例 (2)

機械点	X 座標 [m]	Y 座標 [m]
A	112.6	108.5
B	114.6	113.5
C	118.6	114.5
D	122.6	108.5

という問題があったとしましょう。座標を正直に入力してもかまいませんが、この問題なら百の桁は一切入力しなくとも同じ結果になります。

　次に、**倍横距**を使った面積計算について解説します。座標法による面積計算の一種ですが、トラバース測量で得られた経距をうまく使って面積を求めるものです。図 5.18 を見てください。横距とは、ある基準線から測線の中央までの経距のことを指します。ただし、計算の都合上、横距を 2 倍した「倍横距」を使います。

　基準線を、A 点を通り X 軸に平行な線にとりましょう。測線 AB の倍横距は AB の経距そのものですね。

$$2M_{AB} = \Delta Y_{AB} \tag{5.38}$$

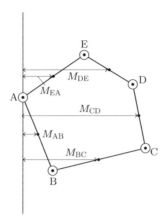

図 5.18　倍横距法による面積計算

BC の倍横距は、AB の経距に BC の経距の半分を足し、それを 2 倍すれば得られます。

$$2M_{\mathrm{BC}} = 2\left(\Delta Y_{\mathrm{AB}} + \frac{1}{2}\Delta Y_{\mathrm{BC}}\right) \tag{5.39}$$

ただし、これを、「BC の倍横距は、直前に得られた AB の倍横距に AB の経距と BC の経距を加える」という手続きに置き換えます。こうすると、倍横距の計算がずいぶん楽になります。

$$2M_{\mathrm{BC}} = 2M_{\mathrm{AB}} + \Delta Y_{\mathrm{AB}} + \Delta Y_{\mathrm{BC}} \tag{5.40}$$

同様に、CD の倍横距は

$$2M_{\mathrm{CD}} = 2M_{\mathrm{BC}} + \Delta Y_{\mathrm{BC}} + \Delta Y_{\mathrm{CD}} \tag{5.41}$$

であることがわかります。このように、次々と直前の倍横距を使い計算していけば、すべての倍横距が得られます。この倍横距から、多角形の面積 S は以下の公式で求められます。

$$S = \left|\frac{1}{2}\sum_i X_i 2M_i\right| \tag{5.42}$$

言葉では、これは「それぞれの測線の緯距と倍横距を掛け、合計して 2 で割る」操作と表せます。測量学の教科書では、緯距、経距の計算が終わったらただちに倍横距の計算を行うように教えています。

具体例で計算してみましょう。第4章で用いた例の四角形の土地（図4.16）について、倍横距を計算、次いで面積を計算します。

例題 **5.14**　平面上の四角形の土地 ABCD を測量し、表5.9のような成果を得た。面積を計算しなさい。

表5.9　測量成果

測線	緯距 [m]	経距 [m]
AB	−10.74	5.27
BC	4.04	8.08
CD	7.63	−2.04
DA	−0.93	−11.31

解答 $98.13\,\mathrm{m}^2$

表5.10のような表を作ります。

■ Step 1　倍横距の計算

$2M_{\mathrm{AB}}$ はそのまま経距を表に書き込む

5.27 [STO] [A]

$2M_{\mathrm{BC}}$ の計算

[+] 5.27 [+] 8.08 [STO] [B]　　　　　　　　答：$18.62\,\mathrm{m}$

$2M_{\mathrm{CD}}$ の計算

[+] 8.08 [−] 2.04 [STO] [C]　　　　　　　　答：$24.66\,\mathrm{m}$

$2M_{\mathrm{DA}}$ の計算

[−] 2.04 [−] 11.31 [STO] [D]　　　　　　　答：$11.31\,\mathrm{m}$

[NOTE]　計算チェックのために、最後の DA の倍横距が経距 DA に大きさが等しく逆符号であることを確認します。

■ Step 2　$\Delta X 2M_i$ の計算、合計

0 [STO] [M]

−10.74 [A] [M+]　　　　　　　　　　答：$-56.5998\,\mathrm{m}^2$

以下同様。

■ Step 3　面積の計算

[M] [÷] 2 [=]　　　　　　　　　　　　答：$98.13125\,\mathrm{m}^2$

表 5.10　倍横距法による面積計算

測線	緯距 [m]	経距 [m]	倍横距 [m]	$\Delta X 2M_i [\text{m}^2]$
AB	-10.74	5.27	5.27	-56.5998
BC	4.04	8.08	18.62	75.2248
CD	7.63	-2.04	24.66	188.1558
DA	-0.93	-11.31	11.31	-10.5183
倍面積				196.2625

　同様に、「倍縦距」を用いた面積計算法もありますが、理屈はまったく同じです
し、どちらを使っても結果は同じですので解説は省略します。

演習問題

　図 5.19 に示す土地 ABCD がある。測点 ABCD の座標は表 5.11 のように決定された。
次の問いに答えなさい。

Q1.　測線 AB の方向角を求めなさい。

Q2.　AC と BD を結んだときの交点 P の座標を決定しなさい。

Q3.　P を通り、測線 AB に平行な直線の式を $Y = aX + b$ の形で求めなさい。

Q4.　この図形を AC を通る直線で分割し、三斜法で表したい。三角形 ACD の高さ h を
　　　求めなさい。

Q5.　座標法を使い、ABCD の面積を計算しなさい。

Q6.　式 (5.37) を使い、ABCD の面積を計算しなさい。

Q7.　倍横距法を用い、ABCD の面積を計算しなさい。

Q8.　測線 CD 上に点 Q を定め、AQ で ABCD の面積を二等分したい。Q の座標を決定
　　　しなさい。

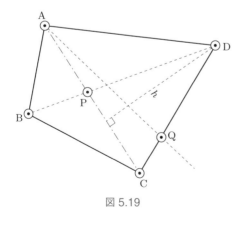

図 5.19

表 5.11

測点	X 座標 [m]	Y 座標 [m]
A	5.7	1.8
B	2.9	1.2
C	1.1	4.9
D	5.1	7.4

演習問題解答

A1. $192°05'41''$

[Pol] 2.9 [−] 5.7 [,] 1.2 [−] 1.8 [=]

答：$AB = 2.863564213\,\mathrm{m}$, $\alpha_{\mathrm{AB}} = -167.9052429°$

[Y] [+] 360 [=] [° ' ''] 　　　　　　　答：$\alpha_{\mathrm{AB}} = 192°05'41.13''$

[NOTE] [Pol] 関数で得られる角度は $180°$ を超えると負の値をとるため、$360°$ を加えます。

A2. $X_{\mathrm{P}} = 3.61\,\mathrm{m}$, $Y_{\mathrm{P}} = 3.21\,\mathrm{m}$

■ Step 1　**AC** の傾きを計算、メモリー **A** に入れる

[(] 4.9 [−] 1.8 [)] [÷] [(] 1.1 [−] 5.7 [STO] [A]　　答：$a = -0.6739130435$

■ Step 2　**BD** の傾きを計算、メモリー **B** に入れる

[(] 7.4 [−] 1.2 [)] [÷] [(] 5.1 [−] 2.9 [STO] [B]　　答：$a = 2.81818181818$

■ Step 3　二元連立方程式計算モードに入る

[MENU] [6] [1] [2]

■ Step 4　係数代入

[A] [=] −1 [=] 5.7 [A] [−] 1.8 [=]
[B] [=] −1 [=] 5.1 [B] [−] 7.4 [=]

■ Step 5　解答を得る

[=]　　　　　　　　　　　　　　答：$X_{\mathrm{P}} = 3.612167516\,\mathrm{m}$

[=] [S↔D]　　　　　　　　　　答：$Y_{\mathrm{P}} = 3.207017544\,\mathrm{m}$

A3. $Y = 0.2142857143X + 2.436428571$

■ Step 1　直線の傾き a を計算

[(] 1.2 [−] 1.8 [)] [÷] [(] 2.9 [−] 5.7 [=]　　答：$a = 0.2142857143$

■ Step 2　b を計算

−3.61 [Ans] [+] 3.21 [=]　　　　　　答：$b = 2.436428571$

A4. $4.31\,\mathrm{m}$

■ Step 1　**AC** の方向角を計算、メモリー **M** に入れる

[Pol] 1.1 [−] 5.7 [,] 4.9 [−] 1.8 [=]

答：$AC = 5.547071299\,\mathrm{m}$, $\alpha_{\mathrm{AC}} = 146.023456°$

$\boxed{\text{Y}}$ $\boxed{\text{STO}}$ $\boxed{\text{M}}$

■ Step 2　測線 AD の方向角を計算

$\boxed{\uparrow}$ $\boxed{\rightarrow}$ $(1.1 \Rightarrow 5.1)$ $\boxed{\rightarrow}$ $(4.9 \Rightarrow 7.4)$ $\boxed{=}$

答：$AD = 5.632051136\,\mathrm{m}$, $\alpha_{\mathrm{AD}} = 96.11550357°$

■ Step 3　h を計算。公式は $h = AD \sin\left(\alpha_{\mathrm{AC}} - \alpha_{\mathrm{AD}}\right)$。

$\boxed{\text{X}}$ $\boxed{\sin}$ $\boxed{\text{M}}$ $\boxed{-}$ $\boxed{\text{Y}}$ $\boxed{=}$

答：$h = 4.308579917\,\mathrm{m}$

A5.　$17.67\,\mathrm{m}^2$

結果のみを示します。計算法は p.99 参照のこと。

表 5.12　座標法による面積計算の表

機械点	X_i	Y_i	$Y_{i-1} - Y_{i+1}$	$X_i(Y_{i-1} - Y_{i+1})$
A	5.7	1.8	6.2	35.34
B	2.9	1.2	-3.1	-8.99
C	1.1	4.9	-6.2	-6.82
D	5.1	7.4	3.1	15.81
合計			0	35.34

$\boxed{\div}$ 2 $\boxed{=}$

答：$17.67\,\mathrm{m}^2$

A6.　$17.67\,\mathrm{m}^2$

0.5 $\boxed{(}$ $\boxed{(}$ 5.7 $\boxed{-}$ 1.1 $\boxed{)}$ $\boxed{(}$ 1.2 $\boxed{-}$ 7.4 $\boxed{)}$ $\boxed{-}$ $\boxed{(}$ 2.9 $\boxed{-}$ 5.1 $\boxed{)}$

$\boxed{(}$ 1.8 $\boxed{-}$ 4.9 $\boxed{=}$

答：$17.67\,\mathrm{m}^2$

A7.　$17.67\,\mathrm{m}^2$

結果のみを示します。計算法は p.102 参照のこと。

表 5.13　倍横距法による面積計算

測線	緯距 [m]	経距 [m]	倍横距 [m]	$\Delta X 2M_i$ [m²]
AB	-2.8	-0.6	-0.6	1.68
BC	-1.8	3.7	2.5	-4.5
CD	4.0	2.5	8.7	34.8
DA	0.6	-5.6	5.6	3.36
倍面積				35.34

$\boxed{\div}$ 2 $\boxed{=}$

答：$17.67\,\mathrm{m}^2$

A8.　$X_{\mathrm{Q}} = 2.14\,\mathrm{m}$, $Y_{\mathrm{Q}} = 5.55\,\mathrm{m}$

三角形 AQD の面積が $8.835\,\mathrm{m}^2$ になるように QD の長さを定めます。公式は以下

のとおりです。

$$S = \frac{1}{2}\,(AD)\,(DQ)\sin\left(\angle ADQ\right) = 8.835 \tag{5.43}$$

- Step 1　**DA, DC** の測線長および方向角を計算、メモリー A, B, X, Y に入れる

  `Pol` 5.7 `−` 5.1 `,` 1.8 `−` 7.4 `=`

  　　　　　　答：$DA = 5.632051136\,\mathrm{m}$, $\alpha_{\mathrm{DA}} = -83.88449643°$

  `X` `STO` `A`
  `Y` `STO` `B`

  `↑` `↑` `→` (5.7 ⇒ 1.1) `→` (1.8 ⇒ 4.9) `=`

  　　　　　　答：$DC = 4.716990566\,\mathrm{m}$, $\alpha_{\mathrm{DC}} = -147.9946168°$

- Step 2　式 (5.43) を使い、測線長 DQ を計算

  17.67 `÷` `(` `A` `sin` `B` `−` `Y` `STO` `C`　　　答：$DQ = 3.487415201\,\mathrm{m}$

- Step 3　**Q** の座標を計算

  5.1 `+` `C` `cos` `Y` `=`　　　　　答：$X_{\mathrm{Q}} = 2.142677824\,\mathrm{m}$

  7.4 `+` `C` `sin` `Y` `=`　　　　　答：$Y_{\mathrm{Q}} = 5.55167364\,\mathrm{m}$

CHAPTER 6

土地家屋調査士試験の問題に挑戦

🖐 　本章では、土地家屋調査士試験で実際に出題された問題を例にとり、今までに
学習したことが本番でどのように役立つのかを見ていきましょう。土地家屋調査
士試験は午前の部と午後の部に分かれます。試験時間は午前が 2 時間、午後が 2
時間半です。午前の部では測量に関する基本的な知識が問われ、午後の部では法
律の知識と総合力が試されます。大半の問題がマークシート方式で、最後に記述
式問題が出題されます。とくに難関なのが午後の部の最後の 2 問で、記述式問題
で実際に登記書類を作る能力が試されます。

　　午前の部の試験は測量士、測量士補、一級・二級建築士の資格を所有していれ
ば免除されます。測量士補の資格は大学で測量に関する科目を履修して卒業すれ
ば得られるため、午前の試験が免除される人は多いそうです。

6.1　午前の部の問題（マークシート）

　令和 3 年度（2021 年）の試験問題を見てみましょう。問題文は法務省ホームペー
ジから入手できます*。例年、午前の部は 11 問で、初めの 10 問がマークシート方
式です。過去 10 年の出題傾向に大きな変化はなく、マークシート問題の構成は

▷ 測量の知識を問う問題（2～3 問）
▷ 鉛直方向の測量に関する計算問題（1～2 問）
▷ 交点、面積、図形分割など（3～4 問）
▷ その他（地図読解など）

といったところで、本書で扱ってきた内容が活かせる問題は全体の半分以下です。
令和 3 年度は第 2, 4, 7, 8, 9 問が、本書が解説した範囲で解ける問題でした。最後
の第 11 問は記述式で、毎年、測量と測量成果を使った製図の問題が出題されます。

＊　https://www.moj.go.jp/shikaku_saiyo_index5.html

第2問　次の〔図〕は、A 点における平面直角座標系（平成 14 年国土交通省告示第 9 号）の北方向で X 軸に平行な方向（〔図〕の座標の北方向）、真北方向、磁北方向及び B 点に対する方向（以下これらを合わせて「各方向」という。）を示したものであり、次の〔計算結果〕は、A 点において B 点に対する角観測を行った結果に基づく計算結果である。この場合において、各方向から作られる角に関する次のアからオまでの記述のうち、正しいものの組合せは、後記 1 から 5 までのうち、どれか。

〔図〕

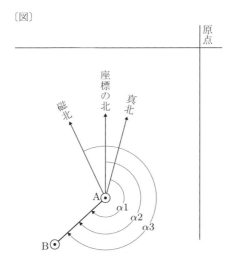

〔計算結果〕

$\alpha 1$	192°36′24″
$\alpha 2$	192°43′24″
$\alpha 3$	200°06′24″

ア　B 点から A 点に対する磁方位角は 200°06′24″ である。

イ　A 点から B 点に対する方位角は 192°43′24″ である。

ウ　A 点における真北方向角は 0°07′00″ である。

エ　A 点における偏角は −7°23′00″ である。

オ　B 点から A 点に対する方向角は 12°43′24″ である。

1 アイ　　　2 アエ　　　3 イオ　　　4 ウエ　　　5 ウオ

　計算というよりは知識を問う問題です。用語「**磁方位角**」は磁北を基準にとった測線の方向角です。AB の磁方位角は α_3 なので一見（ア）は正解に見えますが、問題文は測線が BA です。したがって正解は $(\alpha_3 - 180°)$ で（ア）は不正解。「ひっかけ」ですね。（イ）の「方位角」と「方向角」の違いは 4.1 節（→ p.48）で述べたとおりです。本問の「方位角」は角度 α_1 で、192°36′24″ なので不正解です。（ウ）の真北方向角は、座標の北を基準とした真北方向の方向角で、これは $(\alpha_2 - \alpha_1)$ です。

$$192°43′24″ \;-\; 192°36′24″ \;=\; \qquad\qquad 答：00°07′00″$$

これは正解。（エ）の**偏角**とは磁北の真北に対する角度で、$(\alpha_1 - \alpha_3)$ です。

$$192°36′24″ \;-\; 200°06′24″ \;=\; \qquad\qquad 答：-7°30′00″$$

これは不正解。（オ）は、定義から $(\alpha_2 - 180°)$ です。

$$192°43′24″ \;-\; 180° \;=\; \qquad\qquad 答：12°43′24″$$

これは正解。したがって正解は（ウ）（オ）、これらの組み合わせになっているのは選択肢 5 です。

第 4 問　次の〔図〕のとおり、路線番号①から⑤までの路線について水準測量を行い、次の〔表〕のとおりの結果を得た。この水準測量の環閉合差の許容範囲（制限）を $5\,\mathrm{mm}\,\sqrt{S}$（S は観測距離で km 単位）とするとき、再測すべき路線として最も適当なものは、後記 1 から 5 までのうち、どれか。

　ただし、観測高低差は、次の〔図〕の矢印の方向に観測した値である。

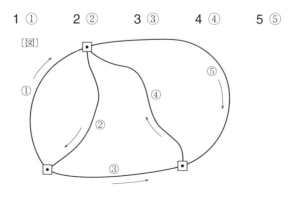

〔表〕

路線番号	観測高低差 (m)	観測距離 (m)
①	+1.964	2340
②	−1.972	2510
③	+0.695	1950
④	+1.235	2390
⑤	−1.264	2870

解答 選択肢 4

水準測量とは、機械点と測点の高低差を計測し、それをつないで各点の標高を決定する測量です。本書では解説していません。しかし、閉合差の許容誤差については p.64 に解説があり、本問もそれに従って計算すれば正解にたどりつきます。

閉ループで高低差を足せばゼロになるはずですが、たとえば路線①②では

$$1.964 - 1.972 = -0.008 \tag{6.1}$$

とゼロにならず、閉合差が現れます。これが許容限度

$$5\sqrt{2.34 + 2.51} \times 0.001 \, [\mathrm{m}] \tag{6.2}$$

を超えなければ合格です。計算すると、

5 √ 2.34 + 2.51) ÷ 1000 =   答：0.01101135777 m

で、閉合差は許容限度以下に収まっているため、路線①、②の再測が不要である可能性が高いことがわかります。実際、これは試験問題ですから、再測が必要な路線は一つで、閉合差が基準を下回ったときはすべての路線が合格とわかります。

同様に路線②③④を計算してみます。

■ 閉合差

−1.972 + 0.695 + 1.235 =   答：−0.042 m

■ 許容範囲

5 √ 2.51 + 1.95 + 2.39) ÷ 1000 =   答：0.01308625233 m

結果は、許容限度を超えました。選択肢 3 か 4 のどちらかが正解と絞り込めます。

路線④⑤を計算してみましょう。

■ 閉合差

　　1.235 ⊟ 1.264 🟰　　　　　　　　　　　　　答：−0.029 m

■ 許容範囲

　　5 √▫ 2.39 ➕ 2.87 ） ➗ 1000 🟰　　　　　答：0.01146734494 m

　　結果は、許容限度を超えましたので、選択肢 4 が正解とわかります。念のため、路線①③⑤で閉合差を計算してみてください。このとき、矢印と逆方向の経路は符号が反転します。

■ 閉合差

　　1.964 ⊟ 1.264 ⊟ 0.695 🟰　　　　　　　　答：5×10^{-3} m

許容誤差を計算するまでもなく、許容範囲であることがわかります。こういった簡易な検算は、できるときにはやってしまいましょう。

> **第7問**　次の〔図〕のとおり、A 点、B 点、C 点、D 点及び A 点の各点を順次直線で結んだ敷地があり、C 点、D 点及び E 点の座標値は次の〔表〕のとおりである。C 点と D 点を結んだ直線に接する道路（以下「本件道路」という。）について、D 点及び E 点の中間点と C 点及び F 点の中間点を結んだ線（次の〔図〕の一点鎖線）から北側に 3 m 平行移動した線を道路拡幅線（次の〔図〕の

〔図〕

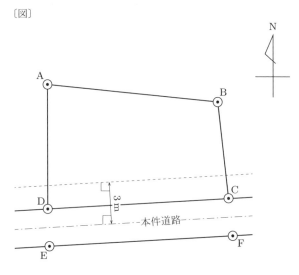

〔表〕

点名	X 座標 (m)	Y 座標 (m)
C	503.27	517.04
D	502.07	494.05
E	500.15	492.15

破線）とする本件道路の拡幅工事をする場合における C 点と D 点を結んだ直線と道路拡幅線との間の幅員距離として最も近いものは、後記 1 から 5 までのうち、どれか。

なお、2 本の本件道路の境界線は平行であり、C 点、D 点、E 点及び F 点は本件道路の境界線上にあるものとする。

1 1.95 m　　**2** 2.00 m　　**3** 2.05 m　　**4** 2.10 m　　**5** 2.15 m

解答 選択肢 4

ずいぶん長い問題文ですが、求めたいものは単純で、「図の CD と、それに平行な破線の間の距離」です。CD と FE は平行なので、解答の方針は

(1) 道路幅を計算、w とする。

(2) CD と破線の距離は $3 - w/2$ で求められる。

です。では、道路幅はどうやって求めればよいでしょうか。これは、「直線と点の距離」の問題に還元できます。つまり、E から CD を含む道路境界線に下ろした垂線の長さです。これもいくつかの方法が考えられますが、ここでは 5.3 節で学んだ「直線の平行移動」を応用します。図 6.1 のように、測線 DC を右に w 移動した直線は、測線 DC の傾きを a として

$$Y = aX - aX_{\mathrm{D}} + Y_{\mathrm{D}} + \frac{w}{\cos \alpha_{\mathrm{CD}}} \tag{6.3}$$

と書けます。また、この直線は傾きが a で測点 E を通るわけですから、

$$Y = aX - aX_{\mathrm{E}} + Y_{\mathrm{E}} \tag{6.4}$$

とも書けます。式 (6.3) と式 (6.4) を比べれば、

$$-aX_{\mathrm{D}} + Y_{\mathrm{D}} + \frac{w}{\cos \alpha_{\mathrm{CD}}} = -aX_{\mathrm{E}} + Y_{\mathrm{E}} \tag{6.5}$$

を得ます。

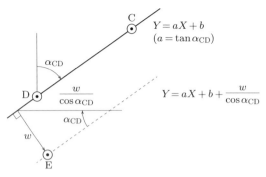

図 6.1 道路幅の計算 (1)。方向角を強調している

■ Step 1 DC の傾きを計算、メモリー A に入れる

(517.04 − 494.05) ÷ (503.27 − 502.07 STO A

答：$a = 19.15833333$

■ Step 2 $w = (-aX_{\mathrm{E}} + Y_{\mathrm{E}} + aX_{\mathrm{D}} - Y_{\mathrm{D}}) \cos \alpha_{\mathrm{CD}}$ の計算

(−500.15 A + 492.15 + 502.07 A − 494.05) cos tan⁻¹ A =

答：$w = 1.818351095\,\mathrm{m}$

■ Step 3 $3 - w/2$ の計算

3 − Ans ÷ 2 =

答：$2.090824452\,\mathrm{m}$

別解 1

直線 $Y = aX + b$ と点 (X_0, Y_0) の距離を求める、以下の公式が知られています。

$$w = \frac{|aX_0 - Y_0 + b|}{\sqrt{1 + a^2}} \tag{6.6}$$

これは、式 (6.5) の $\cos \alpha_{\mathrm{CD}}$ を $1/\sqrt{1 + a^2}$ に置き換えたものです。絶対値は、点が直線のどちら側でも答えが正の数値で得られるように付けられています。記憶力のよい人なら、こちらを覚えておいてもよいと思います。具体的に計算してみましょう。

■ Step 1 DC の傾きを計算、メモリー A に入れる

(517.04 − 494.05) ÷ (503.27 − 502.07 STO A

答：$a = 19.15833333$

■ Step 2 $b = -aX_{\mathrm{D}} + Y_{\mathrm{D}}$ の計算

[(−)] [A] [×] 502.07 [+] 494.05 [=]　　　　　　　　　　　答：$b = -9124.774417$

■ Step 3 公式 (6.6) で w を計算

[(] 500.15 [A] [−] 492.15 [+] [Ans] [)] [÷] [(] [√] 1 [+] [A] [x^2] [=]

答：$w = -1.818351095\,\mathrm{m}$

別解2

点と直線の距離は、図 6.2 のような幾何の公式から求めることもできます。

$$w = CE\sin\beta \tag{6.7}$$

一連の座標変換で CE, β を求めることは容易です。こちらを「点と直線の距離の公式」として覚えたほうが楽、という人もいるでしょう。「自分流」の問題解決法を身に付けてください。

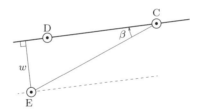

図 6.2　道路幅の計算 (2)

■ Step 1　**CE, CD の座標変換で交角 β を計算**

[NOTE] 測線長 CE を後で使うので、先に CD の計算を行い、α_{CD} をメモリーに退避させるのがコツです。

[Pol] 502.07 [−] 503.27 [,] 494.05 [−] 517.04 [=]

答：$CD = 23.02129666\,\mathrm{m}$, $\alpha_{\mathrm{CD}} = -92.98793374°$

[Y] [STO] [A]

[↑] [→] (502.07 ⇒ 500.15) [→] (494.05 ⇒ 492.15) [=]

答：$CE = 25.08478623\,\mathrm{m}$, $\alpha_{\mathrm{CE}} = -97.14484776°$

■ Step 2　公式 (6.7) で w を計算

[X] [sin] [A] [−] [Y] [=]　　　　　　　　　　　答：$w = 1.818351095\,\mathrm{m}$

第8問 次の〔見取図〕に示されている A、B、C、D 及び A の各点を順次直線で結んだ範囲の土地を測量したところ、次の〔表〕のとおりの結果を得た。C 点と D 点を結ぶ直線上の E 点と A 点を結んだ直線により前記土地を（イ）部分と（ロ）部分に分割する場合において、（イ）部分の面積が 100.20 m² となるように E 点を設定したとき、E 点の座標値として最も近いものは、後記 1 から 5 までのうち、どれか。

〔見取図〕

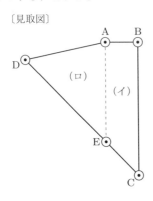

〔表〕

点名	X 座標 (m)	Y 座標 (m)
A	535.51	512.46
B	535.51	517.70
C	515.15	517.70
D	532.90	499.95

	X 座標 (m)	Y 座標 (m)
1	517.62	512.46
2	519.64	513.20
3	519.87	511.88
4	521.35	511.50
5	521.98	513.20

解答 選択肢 4

　一見すると、複雑な面積計算が必要なように見えますが、点の座標をよく見ると、AB は Y 軸に平行、BC は X 軸に平行であることに気づきます。午前の問題は、このように「チート」が隠されていることが多くあり、これを見つけると解答にかかる時間が大いに節約できます。問題文を読んだら、まずは各点の X, Y 座標をよく見ましょう。

　図 6.3 のような補助線を引けば、問題は、「三角形 ACE の面積 S_2 を $(100.20 - S_1)\,\mathrm{m}^2$ とするような CE を求めなさい」となります。ここで S_1 は三角形 ABC の面積で、これは $(AB \cdot BC)/2$ でただちに求められます。三角形

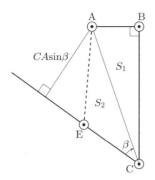

図 6.3　令和 3 年度午前の部 第 8 問の考え方

ACE の面積を図 6.3 のように

$$S_2 = \frac{CA \cdot CE \sin \beta}{2} \tag{6.8}$$

と表しておけば、唯一の未知数 CE の値が得られ、そこから、内分点の公式（5.1 節）で E の座標を得ます。

ところで、本問の座標の値は一つを除いて $500\,\text{m}$ ＋ 端数になっています。面積の計算はすべての座標から同じ値を引いても解は変わりません。頭の「5」は省略してしまいましょう。

■ **Step 1　面積 S_2 を算出、メモリー A に入れる**

100.20 − ❨ 17.70 − 12.46 ❩ ❨ 35.51 − 15.15 ❩ ÷ 2 STO A

> 答：$S_2 = 46.8568\,\text{m}^2$

■ **Step 2　CD の方向角を計算、メモリー B に入れる**

Pol 32.90 − 15.15 , −0.05 − 17.70 ＝

> 答：$CD = 25.10229073\,\text{m}, \alpha_{\text{CD}} = -45°$

NOTE　ここだけ、マイナスの値が出ました。「5」を省略しないほうがよかったか悩みどころですが、これくらいなら暗算でできるので「良し」としましょう。

Y STO B

■ **Step 3　CA の測線長と方向角を計算**

↑ → (32.90 ⇒ 35.51) → (−0.05 ⇒ 12.46) ＝

> 答：$CA = 21.02349162\,\text{m}, \alpha_{\text{CA}} = -14.43283921°$

NOTE メモリー X に測線長 CA、Y に方向角が入ります。

■ Step 4　$CE = 2S_2/CA \sin \beta$ を計算

2 A ÷ X sin Y − B STO C　　　　　　　　　　答：$CE = 8.765280694\,\mathrm{m}$

■ Step 5　E の座標を計算

515.15 + C cos B =　　　　　　　　　　答：$X_\mathrm{E} = 521.3479894\,\mathrm{m}$

517.70 + C sin B =　　　　　　　　　　答：$Y_\mathrm{E} = 511.5020106\,\mathrm{m}$

第9問　次の〔図〕及び〔座標値一覧表〕の A 点及び B 点の座標値を変換した結果、次の〔表〕のとおりの結果を得た。この場合に、次の〔図〕及び〔座標値一覧表〕の C 点の座標値を変換した結果として最も近い座標値は、後記 1 から 5 までのうち、どれか。

ただし、A 点は A′ 点、B 点は B′ 点にそれぞれ対応している。

〔図〕

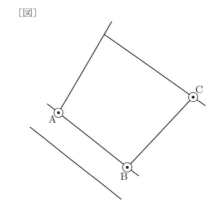

〔座標値一覧表〕

点名	X 座標（m）	Y 座標（m）
A	100.00	100.00
B	61.11	138.89
C	76.95	173.65

〔表〕

点名	X 座標（m）	Y 座標（m）
A′	−50.00	−50.00
B′	−40.46	4.16

	X 座標 (m)	Y 座標 (m)
1	−33.49	41.72
2	−33.49	11.13
3	−2.90	11.13
4	−2.90	−11.13
5	−2.90	41.72

解答 選択肢 3

　座標変換の問題は頻出ではないので戸惑うかもしれませんが、理屈を考えれば一連の測量計算に落とし込めます。この問題は「ABC で表される地形を平行移動、回転して A′B′C′ に移動した。A′、B′ が〔表〕のとおりのとき、C′ 点の座標はどこか」という問題です。ちょうど、A′ が A から $(-150, -150)$ m 移動していますから、平行移動量を $(-150, -150)$ m として、それから A′ を中心に回転させましょう。これも一種の「チート」です。

　B 点を $(-150, -150)$ m 移動させ、ある角度 β 回転させると $(X'_{\mathrm{B}}, Y'_{\mathrm{B}}) = (-40.46, 4.16)$ m になりました。β を求めましょう。これは、$\alpha_{\mathrm{A'B'}} - \alpha_{\mathrm{AB}}$ です。

　図形の移動は、回転と平行移動の順序を逆にしても結果は変わりません。C′ の座標を求めるには

(1) $\beta = \alpha_{\mathrm{A'B'}} - \alpha_{\mathrm{AB}}$ を計算

(2) A 点、C 点の座標から測線 AC の測線長 AC と方向角 α_{AC} を得る

(3) A′ の座標 $(-50, -50)$ を起点に $(AC, \alpha_{\mathrm{AC}} + \beta)$ をトラバース計算

という手順を踏みます。

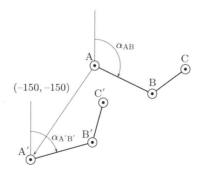

図 6.4　令和 3 年度午前の部 第 9 問の考え方

■ Step 1　$\beta = \alpha_{\mathrm{A'B'}} - \alpha_{\mathrm{AB}}$ を計算、メモリー A に入れる

　　$\boxed{\text{Pol}}$ 61.11 $\boxed{-}$ 100.00 $\boxed{,}$ 138.89 $\boxed{-}$ 100.00 $\boxed{=}$

　　　　　　　　　　　答：$AB = 54.99876544\,\mathrm{m}$, $\alpha_{\mathrm{AB}} = 135°$

　　$\boxed{\text{Y}}$ $\boxed{\text{STO}}$ $\boxed{\text{A}}$

　　$\boxed{\text{Pol}}$ -40.46 $\boxed{-}$ -50.00 $\boxed{,}$ 4.16 $\boxed{-}$ -50.00 $\boxed{=}$

　　　　　　　　　　　答：$A'B' = 54.99379238\,\mathrm{m}$, $\alpha_{\mathrm{A'B'}} = 80.01012618°$

$\boxed{\text{NOTE}}$ ここで、AB と $A'B'$ がほとんど同じことに注目します。回転と平行移動を行っても、図形の大きさは変わりません。

　　$\boxed{\text{Y}}$ $\boxed{-}$ $\boxed{\text{A}}$ $\boxed{\text{STO}}$ $\boxed{\text{A}}$　　　　　　　　答：$\alpha_{\mathrm{A'B'}} - \alpha_{\mathrm{AB}} = -54.98987382°$

■ Step 2　$\mathbf{AC}$ の方向角を計算

　　　$\boxed{\text{Pol}}$ 76.95 $\boxed{-}$ 100.00 $\boxed{,}$ 173.65 $\boxed{-}$ 100.00 $\boxed{=}$

　　　　　　　　　　　答：$AC = 77.17269595\,\mathrm{m}$, $\alpha_{\mathrm{AC}} = 107.3783841°$

■ Step 3　β を足して、測線長と方向角を計算

　　$\boxed{\text{Y}}$ $\boxed{+}$ $\boxed{\text{A}}$ $\boxed{\text{STO}}$ $\boxed{\text{Y}}$　　　　　　　答：$\alpha_{\mathrm{A'C'}} = 52.38851032°$
　　$\boxed{\text{Rec}}$ $\boxed{\text{X}}$ $\boxed{,}$ $\boxed{\text{Y}}$ $\boxed{=}$　　　答：$X_{\mathrm{A'C'}} = 47.09880747\,\mathrm{m}$, $Y_{\mathrm{A'C'}} = 61.13368413\,\mathrm{m}$

■ Step 4　$\mathbf{C'}$ の座標を計算

　　$\boxed{\text{X}}$ $\boxed{+}$ -50 $\boxed{=}$　　　　　　　　答：$X_{\mathrm{C'}} = -2.901102534\,\mathrm{m}$
　　$\boxed{\text{Y}}$ $\boxed{+}$ -50 $\boxed{=}$　　　　　　　　答：$Y_{\mathrm{C'}} = 11.13368413\,\mathrm{m}$

$\boxed{\textbf{6.2}}$　午前の部の問題（記述式）

　午前の部、最後の問題のみが記述式で、これには測量計算および測量図の製図が含まれます。

$\blacktriangleright$$\boxed{\text{第11問}}$　次の〔観測結果〕及び〔測量成果〕は、次の〔見取図〕に示されている A、E、D、C、F、G 及び A の各点を順次直線で結んだ範囲の土地（以下「宅地部分」という。）及び B、A、G、F 及び B を順次直線で結んだ範囲の土地（以下「道路部分」という。）を測量した結果及び成果である。この結果及び成果に基づき、別紙第 11 問答案用紙を用いて、次の問 1 から問 5 までに答えなさい。

〔観測結果〕

器械点	測点	水平角	水平距離（m）
T1	T2	0° 00′ 00″	—
	C	280° 15′ 30″	23.30

〔測量成果〕
北は、X軸正方向に一致する。

点名	X座標（m）	Y座標（m）	点名	X座標（m）	Y座標（m）
B	43.96	25.87	T1	37.29	22.70
E	−1.95	21.85	T2	−2.39	13.56

B点からF点までの水平距離 ＝ 3.53 m

B点からA点までの水平距離 ＝ 20.56 m

∠BAD ＝ 132° 00′ 00″

∠DCB ＝ 114° 00′ 00″

〔見取図〕

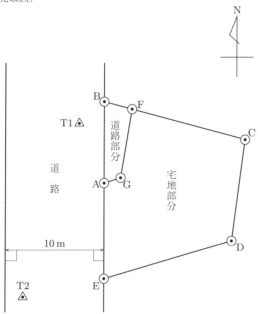

(注) 1. A点はB点とE点を結ぶ直線上の点である。
　　 2. F点はB点とC点を結ぶ直線上の点である。
　　 3. G点はA点及びC点を結んだ直線と、E点及びF点を結んだ直線の交点である。

なお、座標値、各点間の距離及び辺長は、計算結果の小数点以下第 3 位を四捨五入し、面積は、計算結果の小数点以下第 3 位を切り捨てるものとする。

問 1　観測結果から C 点の座標値を求めなさい。
問 2　T1 点から T2 点を零方向として F 点を測設するために必要な水平角及び水平距離を求めなさい。なお、解答に記載する水平角は 30 秒以上を繰り上げ、分単位まで記載すること。
問 3　D 点の座標値を求めなさい。
問 4　道路部分の面積を座標法により求めなさい。
　問 5　（省略）

[解答]

問 1　$X_C = 28.10\,\text{m}, Y_C = 44.11\,\text{m}$

　簡単な問題です。∠T2T1C が $280°15'30''$、$T1C$ が $23.30\,\text{m}$ です。T1C の方向角がわかれば、トラバース計算で C 点の座標が決まります。

■ **Step 1　T1T2 の方向角を計算**

　　　[Pol] −2.39 [−] 37.29 [,] 13.56 [−] 22.70 [=]
　　　　　　　　　　　　答：$T1T2 = 40.71906188\,\text{m}, a_{T1T2} = -167.0285859°$

■ **Step 2　C の座標を計算**

　　　[Rec] 23.30 [,] [Y] [+] 280°15'30'' [=]
　　　　　　　　　　　　答：$X = -9.189964183\,\text{m}, Y = 21.41108494\,\text{m}$

　　　[X] [+] 37.29 [=]　　　　　　　　　　答：$X_C = 28.10003582\,\text{m}$

[NOTE]　妙にキリのよい数字が出ました。これが試験問題の特徴で、人為的に作られた座標だから起こる現象です。「計算が間違っていない証拠」と考えましょう。

　　　[Y] [+] 22.70 [=]　　　　　　　　　　答：$Y_C = 44.11108494\,\text{m}$

問 2　∠T2T1F = $220°18'$, $T1F = 7.27\,\text{m}$

　問 2 は、「BC 上、B から 3.53 m の位置に F 点をおく。測線長 T1F、交角 T2T1F を求めなさい」と翻訳できます。素直な逆トラバース計算の問題です。方針は、まず F 点の座標を決定し、次に T1F の測線長と方向角を計算、最後に T1F の方向角

から T1T2 の方向角を引きます。

　ここで、問 1 で算出した T1T2 の方向角が再び必要になりました。こういうときは、数式を遡り、もう一度計算して、適当なメモリーに入れておきます。

■ Step 1　**T1T2 の方向角を計算、メモリー A に入れる**

　　⬆ ⬆ ⋯（ Pol (−2.39 ⋯ が出るまで) ＝

答：$T1T2 = 40.71906188\,\mathrm{m}$, $\alpha_{\mathrm{T1T2}} = -167.0285859°$

　　Y STO A

■ Step 2　**F の座標を計算**

　　Pol 28.10 − 43.96 , 44.11 − 25.87 ＝

答：$BC = 24.17099915\,\mathrm{m}$, $\alpha_{\mathrm{BC}} = 131.0075315°$

　　43.96 ＋ 3.53 cos Y ＝ 答：$X_{\mathrm{F}} = 41.64376145\,\mathrm{m}$

　　25.87 ＋ 3.53 sin Y ＝ 答：$Y_{\mathrm{F}} = 28.53382037\,\mathrm{m}$

■ Step 3　**小数点以下 2 桁に丸める**

答：$X_{\mathrm{F}} = 41.64\,\mathrm{m}$, $Y_{\mathrm{F}} = 28.53\,\mathrm{m}$

　NOTE 　図面上に定義された点の座標は、小数点以下 2 桁に丸めた値が「正しい値」です。したがって、この先の計算では $(X_{\mathrm{F}}, Y_{\mathrm{F}}) = (41.64, 28.53)\,\mathrm{m}$ とします。

■ Step 4　**T1F の方向角を計算**

　　Pol 41.64 − 37.29 , 28.53 − 22.70 ＝

答：$T1F = 7.274022271\,\mathrm{m}$, $\alpha_{\mathrm{T1F}} = 53.27188431°$

■ Step 5　**交角 T2T1F を求める**

　　Y − A ＝ °′″ 答：$\angle\mathrm{T2T1F} = 220°18'1.69''$

■ Step 6　**測線長、交角を指示どおり丸める**

答：$T1F = 7.27\,\mathrm{m}$, $\angle\mathrm{T2T1F} = 220°18'$

問 3　$X_{\mathrm{D}} = 8.45\,\mathrm{m}$, $Y_{\mathrm{D}} = 38.10\,\mathrm{m}$

　相当に面倒な計算です。D 点の座標を知るには CD の測線長と方向角があれば一発なのですが、測線長が与えられていません。一方、∠BAD は与えられており、A 点の座標は計算可能ですが、測線長 AD はやはりわかりません。このように、出

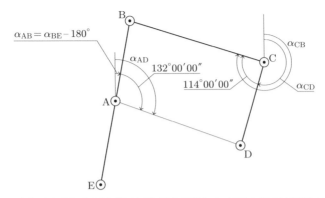

図 6.5　令和 3 年度午前の部 第 11 問 問 3 の考え方（BE の傾きは強調している）

発する 2 点があり、測線の方向だけがわかっているときは、おのおのの測線を「傾きと通る点がわかっている直線の式（→ p.83）」で表し、連立方程式で交点を求めます（図 6.5）。

- Step 1　A の座標を計算

　　Pol　-1.95　$-$　43.96　,　21.85　$-$　25.87　$=$

答：$BE = 46.0856648\,\mathrm{m}$, $\alpha_{\mathrm{BE}} = -174.9957947°$

　　43.96　$+$　20.56　cos　Y　$=$

答：$X_{\mathrm{A}} = 23.478368658\,\mathrm{m}$

　　25.87　$+$　20.56　sin　Y　$=$

答：$Y_{\mathrm{A}} = 24.07657464\,\mathrm{m}$

- Step 2　小数点以下 2 桁に丸める

答：$X_{\mathrm{A}} = 23.48\,\mathrm{m}$, $Y_{\mathrm{A}} = 24.08\,\mathrm{m}$

- Step 3　AD の傾きを計算、メモリー A に入れる

　　tan　ALPHA　Y　$-$　180　$+$　132　STO　A

答：$a = -0.9323778742$

- Step 4　CD の傾きを計算、メモリー B に入れる

　　Pol　43.96　$-$　28.10　,　25.87　$-$　44.11　$=$

答：$CB = 24.17099915\,\mathrm{m}$, $\alpha_{\mathrm{CB}} = -48.99246853°$

　　tan　Y　$-$　114　STO　B

答：$a = 0.3058744229$

- Step 5　二元連立方程式計算モードに入る

　　MENU　6　1　2

■ Step 6　係数代入

[A] [=] −1 [=] 23.48 [A] [−] 24.08 [=]

[B] [=] −1 [=] 28.10 [B] [−] 44.11 [=]

■ Step 7　解答を得る

[=]　　　　　　　　　　　　　　　　　答：$X_D = 8.445212494$ m

[=]　　　　　　　　　　　　　　　　　答：$Y_D = 38.09810321$ m

問 4　$44.13\,\mathrm{m}^2$

　面積計算は公式どおりなのですが、G 点の座標が未知です。令和 3 年度の問題は基本に忠実ですが、計算はかなり面倒です。G 点の座標を求めてから面積公式を適用します。

表 6.1　第 11 問 問 4　ここまでの計算で判明した点の座標

点名	X 座標 [m]	Y 座標 [m]
A	23.48	24.08
C	28.10	44.11
E	−1.95	21.85
F	41.64	28.53

　G 点は、問題文から AC と EF の交点ですから、A, C, E, F の座標がすべてわかっている今となっては基本問題です。

■ Step 1　AC の傾きを計算、メモリー A に入れる

[(] 44.11 [−] 24.08 [)] [÷] [(] 28.10 [−] 23.48 [STO] [A]　　答：$a = 4.335497835$

■ Step 2　EF の傾きを計算、メモリー B に入れる

[(] 28.53 [−] 21.85 [)] [÷] [(] 41.64 [−] −1.95 [STO] [B]

　　　　　　　　　　　　　　　　　　　　　答：$a = 0.1532461574$

■ Step 3　二元連立方程式計算モードに入る

[MENU] [6] [1] [2]

■ Step 4　係数代入

[A] [=] −1 [=] 23.48 [A] [−] 24.08 [=]

[B] [=] −1 [=] −1.95 [B] [−] 21.85 [=]

■ Step 5　解答を得る

□□　答：$X_{\mathrm{G}} = 23.87860102\,\mathrm{m}$

□□　答：$Y_{\mathrm{G}} = 25.80813386\,\mathrm{m}$

■ Step 6　小数点以下 2 桁に丸める

答：$X_{\mathrm{G}} = 23.88\,\mathrm{m},\ Y_{\mathrm{G}} = 25.81\,\mathrm{m}$

■ Step 7　求積

あらためて、求積に必要な点を左回りに並べて表にします（表 6.2）。

表 6.2　第 11 問 問 4　求積で用いる 4 点の座標

点名	X 座標 [m]	Y 座標 [m]
A	23.48	24.08
G	23.88	25.81
F	41.64	28.53
B	43.96	25.87

4 点の座標がわかっているときの求積公式は式 (5.37) です。

0.5 【 【 23.48 － 41.64 】 【 25.81 － 25.87 】 － 【 23.88

－ 43.96 】 【 24.08 － 28.53 ＝ 　　　　答：$-44.1332\,\mathrm{m}^2$

絶対値をとり、小数点以下 3 桁を切り捨てて解答を得ます。

答：$44.13\,\mathrm{m}^2$

6.3　午後の部の問題（書式）

土地家屋調査士試験の本丸が午後の試験です。試験問題は例年 22 問で、マークシート式で法知識を問う問題が 20 問、土地測量とそれにともなう登記手続きの書類作成が 1 問、建物測量とそれにともなう登記手続きの書類作成が 1 問、という組み合わせです。最後の 2 問は**書式**の問題といわれています。

本書は関数電卓の使い方を学ぶ教科書ですから、「書式」問題の解答・解説までは考えません。ここでは実際に出題された問題を眺め、書式問題では今まで学んだ測量計算がどのように役立つのかを見ていきましょう。以下は、令和 3 年度土地家屋調査士試験の午後の部の土地の書式問題（第 21 問）です。

第21問　土地家屋調査士村山海斗は、次の〔調査図素図〕に示す K 市 D 町二丁目 10 番 1 の土地（以下「本件土地」という。）の所有者亡山田太郎の相続人である山田二郎から、本件土地の表示に関する登記に関する相談を受け、【土地家屋調査士村山海斗の聴取記録の概要】のとおり事情を聴取し、本件土地について必要となる表示に関する登記の申請手続についての代理並びに当該登記に必要な調査及び測量の依頼を受け、【土地家屋調査士村山海斗による調査及び測量の結果の概要】のとおり必要な調査及び測量を行った。

以上に基づき、次の問 1 から問 4 までに答えなさい。

〔調査図素図〕

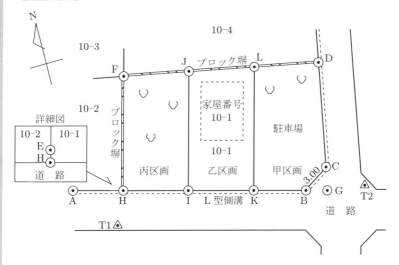

(注) 1. B 点、C 点、D 点、F 点及び H 点の各点は筆界点を示し、実線は筆界線を示す。
　　 2. I 点と J 点を結ぶ直線と K 点と L 点を結ぶ直線は、平行である。
　　 3. G 点は、A 点と B 点を結ぶ直線の延長線と D 点と C 点を結ぶ直線の延長線の交点であり、隅切長（B 点と C 点を結ぶ直線の長さ）は 3.00 m、隅切剪除長（G 点と B 点を結ぶ直線の長さと G 点と C 点を結ぶ直線の長さ）は等しいものとする。

問 1　【土地家屋調査士村山海斗の聴取記録の概要】及び【土地家屋調査士村山海斗による調査及び測量の結果の概要】から、〔調査図素図〕上の A 点、C 点、H 点及び L 点の座標値を求め、別紙第 21 問答案用紙の第 1 欄に記載しなさい。

問 2　（省略）

問 3　別紙第 21 問答案用紙の第 3 欄の登記申請書の空欄を埋めて、依頼を受け

た本件土地の登記の申請書を完成させなさい。ただし、必要な土地の表示に関する登記が複数ある場合は、一の申請情報により申請するものとする。また、地積は、測量の結果である座標値を用いて座標法により求積するものとし、その求積値と登記記録の地積の差が公差の範囲内であるときは、地積に関する表示の登記の申請は行わないこととする。

問4　（省略）

（注）

1.～2.　（省略）

3. 座標値は、計算結果の小数点以下第3位を四捨五入し、小数点以下第2位まで記載すること。

4. 地積測量図は、250分の1の縮尺により作成すること。また、地積測量図には、測量の結果を用いて求めた筆界点間の距離を、計算結果の小数点以下第3位を四捨五入し、小数点以下第2位まで記載すること。

5.～7.　（省略）

【土地家屋調査士村山海斗の聴取記録の概要】

1.～4.　（省略）

5. 山田一郎、山田二郎及び山田三郎は、令和3年8月1日、山田太郎の相続財産について遺産分割協議を行った結果、本件土地のうち東側部分（〔調査図素図〕B、C、D、L、K及びBの各点を順次直線で結んで囲んだ部分。以下「甲区画」という。）を山田一郎が相続し、本件土地のうち中央部分（〔調査図素図〕I、K、L、J及びIの各点を順次直線で結んで囲んだ部分。以下「乙区画」という。）を山田二郎が相続し、本件土地のうち西側部分（〔調査図素図〕H、I、J、F及びHの各点を順次直線で結んで囲んだ部分。以下「丙区画」という。）を山田三郎が相続することが決められ、その旨の遺産分割協議書が作成された。

6. （省略）

【土地家屋調査士村山海斗による調査及び測量の結果の概要】

1. （省略）

2. 本件土地の利用状況等

(1)、(2)　（省略）

(3) 立会い等

ア （省略）

イ E点にはコンクリート杭が設置されているが、本件土地と道路との境界線上に位置していなかった（ただし、その位置を本件土地、10番2の土地及び道路の筆界点としても、公差の範囲を超えるものではない。）。そこで、本件土地、10番2の土地及び道路の筆界点を、A点とB点を結んだ直線とF点とE点を結んだ直線の延長線の交点（H点）とすると、10番2の地積測量図の内容と一致する。そのため、H点を本件土地、10番2の土地及び道路の筆界点と判断し、10番2の土地の所有者の合意のもと、E点のコンクリート杭をH点の位置に移設した。

ウ 分割予定であるI点、J点、K点及びL点の各点にコンクリート杭を設置した。

(4) 測量の成果

基準点である〔調査図素図〕のT1、T2に関する基準点の点検測量を行った結果、許容誤差内であることを確認した。

ア 〔K市基準点成果表〕

点名	X座標（m）	Y座標（m）
T1	500.00	500.00
T2	496.77	531.50

イ 〔測量によって得られた観測値〕

器械点	測点	水平角	水平距離（m）
T1	T2	0° 0′ 0″	—
	A	227° 43′ 36″	7.37

(注) 1. 観測角は、時計回りの角度を示す。
2. 北は、X軸正方向に一致する。

ウ 〔測量によって得られた座標値〕

名称	X座標（m）	Y座標（m）
A	省略	省略
B	498.29	524.15
C	省略	省略
D	511.93	530.00
E	504.63	500.56
F	518.95	505.48
G	497.74	526.20
H	省略	省略
I	502.14	509.77
J	516.61	513.65
K	499.94	517.99
L	省略	省略

今までに学んだ言葉もあれば、初めて登場する単語もあります。とりあえず、測量計算を行うために必要なキーワードは「**筆界点**」でしょう。これは、測量における「測点」とほぼ同義と考えてかまいません。ある人の土地をそれ以外の土地と区別するために、土地の上にいくつかの点を定め、それを直線で結びます。このときの点が筆界点で、筆界点を結んだ線を「筆界線」とよびます。筆界点を定めるためにはその座標を知る必要がありますから、筆界点は測量では測点になります。「筆」とは土地を数える単位で、同一の権利のもとにある土地を「一筆」といい、それを二人の所有者に分けることを**分筆**といいます。

　この問題は、簡単にいえば、「山田太郎の遺産である土地を、一郎、二郎、三郎で分割したいのでその旨を登記しなさい」という問題です。ただし、単純な面積分割の問題ではなく、調査の結果 E 点が土地と道路が交わる点に設置されていなかったので、それを交点 H に移動した、とあります。

　問1は座標計算、問2は法律の問題です。問3は登記申請書の空欄を埋める作業ですが、その中に土地の面積を書き込む欄があります。本書では問3を以下のように置き換えます。

▌**問3**　甲、乙、丙の各区画の土地の面積をそれぞれ計算しなさい。

問1　解答▶

　とりかかる前に、何が既知で、何が未知なのかを図面上に描いて整理しました（図 6.6）。四角く囲った筆界点が未知の点です。H は FE の延長線上で、AG との交点です。IJ と KL が平行なので、L の決定には IJ の方向角が使えるでしょう。

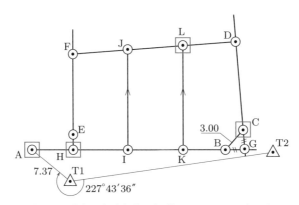

図 6.6　令和3年度午後の部 第21問 問1の考え方

そのほかにヒントになりそうなのは、GB と GC の長さが等しい、というところです。順番に考えましょう。

A 点：$X_A = 505.93\,\text{m}$, $Y_A = 495.62\,\text{m}$

T1T2 の方向角と ∠T2T1A を使って T1A の方向角を出し、T1A を使ってトラバース計算をします。

■ Step 1　**T1A の方向角を計算**

  `Pol` 496.77 `−` 500.00 `,` 531.50 `−` 500.00 `=`

         答：$T1T2 = 31.66516856\,\text{m}$, $\alpha_{\text{T1T2}} = 95.85462898°$

  `Y` `+` 227°43′36″ `STO` `Y`   答：$\alpha_{\text{T1A}} = 323.5812956°$

■ Step 2　**A の座標を計算**

  500.00 `+` 7.37 `cos` `Y` `=`   答：$X_A = 505.9306392\,\text{m}$

  500.00 `+` 7.37 `sin` `Y` `=`   答：$Y_A = 495.6245665\,\text{m}$

C 点：$X_C = 499.79\,\text{m}$, $Y_C = 526.75\,\text{m}$

$GB = GC$ を利用しましょう。B, G の座標が既知なので、GB を計算し、G から D 方向に GB だけ移動すれば C 点です。

■ Step 1　**GB の測線長を計算、メモリー A に入れる**

  `Pol` 498.29 `−` 497.74 `,` 524.15 `−` 526.20 `=`

        答：$GB = 2.122498528\,\text{m}$, $\alpha_{\text{GB}} = -74.98163937°$

  `X` `STO` `A`

■ Step 2　**GD の方向角を計算**

  `↑` `→` (498.29 ⇒ 511.93) `→` (524.15 ⇒ 530.00) `=`

       答：$GD = 14.69\,\text{m}$, $\alpha_{\text{GD}} = 14.99171528°$

■ Step 3　**C の座標を計算**

  497.74 `+` `A` `cos` `Y` `=`   答：$X_C = 499.7902556\,\text{m}$

  526.20 `+` `A` `sin` `Y` `=`   答：$Y_C = 526.7490466\,\text{m}$

H 点：$X_H = 504.61\,\mathrm{m}$, $Y_H = 500.55\,\mathrm{m}$

スタンダードな問題です。2 直線の交点の求め方は、直線上の 2 点の座標から傾き a を求め、1 点の座標 X_0, Y_0 と傾き a から

$$(Y - Y_0) = a(X - X_0) \quad \rightarrow \quad aX - Y = aX_0 - Y_0 \tag{6.9}$$

と変形し、連立方程式計算モードで交点を求めます。

■ Step 1　**FE** の傾きを計算、メモリー A に入れる

[(] 500.56 [−] 505.48 [)] [÷] [(] 504.63 [−] 518.95 [STO] [A]

答：$a = 0.343575419$

■ Step 2　**AB** の傾きを計算、メモリー B に入れる

[NOTE]　I, K 点も同一直線上にあるため、これらを B 点の代わりに使ってもよいような気がします。しかし、点の座標には丸め誤差が含まれるため、傾きの計算には可能なかぎり長い基線長をとるのが原則です。G 点のほうが遠くにありますが、筆界点でないので避けました。G 点で計算しても H 点の座標は同じになります。

[(] 524.15 [−] 495.62 [)] [÷] [(] 498.29 [−] 505.93 [STO] [B]

答：$a = -3.734293194$

■ Step 3　二元連立方程式計算モードに入る

[MENU] [6] [1] [2]

■ Step 4　係数代入

[A] [=] −1 [=] 504.63 [A] [−] 500.56 [=]
[B] [=] −1 [=] 498.29 [B] [−] 524.15 [=]

■ Step 5　解答を得る

[=]　　　　　　　　　　　　　　　　答：$X_H = 504.6090531\,\mathrm{m}$
[=]　　　　　　　　　　　　　　　　答：$Y_H = 500.5528031\,\mathrm{m}$

L 点：$X_L = 514.27\,\mathrm{m}$, $Y_L = 521.83\,\mathrm{m}$

H 点と同様に 2 直線の交点で求めますが、測線 IJ の傾きを利用するところだけが違います。

- Step 1 **IJ** の傾きを計算、メモリー A に入れる

  $($ 513.65 $-$ 509.77 $)$ $\div$ $($ 516.61 $-$ 502.14 STO A

  > 答：$a = 0.2681409813$

- Step 2 **DF** の傾きを計算、メモリー B に入れる

  $($ 505.48 $-$ 530.00 $)$ $\div$ $($ 518.95 $-$ 511.93 STO B

  > 答：$a = -3.492877493$

- Step 3 二元連立方程式計算モードに入る

  MENU 6 1 2

- Step 4 係数代入 NOTE 傾き A には K の座標を使う点に注意のこと。

  A = -1 = 499.94 A $-$ 517.99 =

  B = -1 = 511.93 B $-$ 530.00 =

- Step 5 解答を得る

  =
  > 答：$X_L = 514.2684596\,\mathrm{m}$

  =
  > 答：$Y_L = 521.8320472\,\mathrm{m}$

問 3 解答

丙：$135.84\,\mathrm{m}^2$

表 6.3 第 21 問 問 3 求積で用いる 4 点の座標

点名	X 座標 [m]	Y 座標 [m]
F	518.95	505.48
H	504.61	500.55
I	502.14	509.77
J	516.61	513.65

　乙、丙区画の面積は、四角形の面積公式で一発です。例によって先頭の「5」は省略します。

0.5 $($ $($ 18.95 $-$ 2.14 $)$ $($ 0.55 $-$ 13.65 $)$ $-$ $($ 4.61 $-$ 16.61

$)$ $($ 5.48 $-$ 9.77 = 　　　　　　　　　答：$-135.8455\,\mathrm{m}^2$

絶対値をとり、小数点以下 3 桁を切り捨てて解を得ます。　　　答：$135.84\,\mathrm{m}^2$

乙：$126.84 \mathrm{~m}^2$

表 6.4　第 21 問　問 3　求積で用いる 4 点の座標

点名	X 座標 [m]	Y 座標 [m]
L	514.27	521.83
K	499.94	517.99
I	502.14	509.77
J	516.61	513.65

0.5 （（ 14.27 − 2.14 ）（（ 17.99 − 13.65 ）− （ −0.06 − 16.61

）（ 21.83 − 9.77 ＝　　　　　　　　　　　　答：$126.8422 \mathrm{~m}^2$

絶対値をとり、小数点以下 3 桁を切り捨てて解を得ます。　　　　　答：$126.84 \mathrm{~m}^2$

甲：$123.21 \mathrm{~m}^2$

甲区画は、式 (5.35) の「任意の多角形の面積公式」を使って計算するしかありません。面倒ですが、表を作って計算します（表 6.5）。

表 6.5　第 21 問　問 3　求積で用いる 5 点の座標

機械点	X_i	Y_i	$Y_{i-1} - Y_{i+1}$	$X_i(Y_{i-1} - Y_{i+1})$
L	514.27	521.83	12.01	6176.3827
K	499.94	517.99	−2.32	−1159.8608
B	498.29	524.15	−8.76	−4365.0204
C	499.79	526.75	−5.85	−2923.7715
D	511.93	530.00	4.92	2518.6956
合計			0	246.4256

÷ 2 ＝　　　　　　　　　　　　　　　　　　　　答：$123.2128 \mathrm{~m}^2$

絶対値をとり、小数点以下 3 桁を切り捨てて解を得ます。　　　　　答：$123.21 \mathrm{~m}^2$

別解

甲区画を LKB と LBCD に分割し、それぞれ計算します。三角形の土地の面積を座標法で求める公式は

$$S = \frac{1}{2} \left| (x_1 - x_2)(y_1 - y_3) - (x_1 - x_3)(y_1 - y_2) \right| \tag{6.10}$$

です。導出は、式 (5.37) から出発して、(x_1, y_1) と (x_2, y_2) が同じ位置にあると考

えればすぐにできます。これも、覚えておくと便利です。

■ Step 1 　三角形 LKB の面積

NOTE　最後に足すので、 Abs が必要です。

0.5 Abs （ 514.27 － 499.94 ） （ 521.83 － 524.15 ） － （

514.27 － 498.29 ） （ 521.83 － 517.99 ＝ 　　　　　答：$47.3044\,\mathrm{m}^2$

■ Step 2 　四角形 LBCD の面積を足す

＋ 0.5 Abs （ 514.27 － 499.79 ） （ 524.15 － 530.00 ） － （

498.29 － 511.93 ） （ 521.83 － 526.75 ＝ 　　　　　答：$123.2128\,\mathrm{m}^2$

　いかがでしょうか。ここまで独習で測量計算をマスターした皆さんなら「それほど難しいことはない」という感想をもたれるのではないでしょうか。ここ数年の傾向として、「土地家屋調査士の仕事の原点に回帰する」問題、すなわちパズルのような難問ではなく、地道な座標計算、求積計算の積み重ねで土地の形状と面積を把握する問題が多いような気がします。

　もちろん、午後の試験は計算のみでなく、不動産登記法などの法知識、試験時間内で正しい図面を作図できる知識と技術が不可欠です。本書で電卓の使い方をマスターしたら、本格的な試験勉強にとりかかってください。

CHAPTER 7

複素数を使った測量計算

　「複素数」という言葉を聞いたことがあるでしょうか？　複素数とは実数と虚数の和で表される数で、その概念は理学、工学の大変重要な位置を占めています。しかし、測量の世界と複素数は本来無関係です。なぜなら、長さや重さなどこの世のあらゆる物理量は実数の範囲で表現できるのに対して、複素数は実数と直接比較ができない幽霊のような数だからです。

　では、なぜ本書に複素数が登場するのでしょうか。それは、複素数を表す「複素平面」の考え方が、二次元平面の測量に必須の概念である座標、角度、線長、交点や面積の計算に応用が可能で、fx-JP500 の機能の一つとして複素数演算があるからです。つまり、土地家屋調査士試験に持ち込みが許されている関数電卓で複素数が使えるなら、測量計算に使ってみよう、というわけです。

　土地家屋調査士試験の教科書やネット上の情報を見ると、複素数を使った測量計算がブームの様相を呈しています。本書としてもとりあげないわけにはいかないでしょう。確かに計算は速くなるのですが、この方法は測量学の王道でもなく、関数電卓の本来の使い方でもない、いわば試験に特化したテクニックです。したがって試験が終わってしまえば使い道のない小手先のテクニックであることは否めません。

　本書の立ち位置としては、ただ公式を暗記するのではなく、なぜ複素数で測量計算ができるのか、その仕組みの解説にも注意を払って解説することで理解が深まるよう心がけます。

7.1　虚数単位と複素数の定義

　私たちが普段扱う数は、（ゼロを除いて）自乗すれば必ず正になります。このような数を**実数**といいます。しかしここで、「自乗して負になる数」を考えます。たとえば

$$x^2 = -2 \tag{7.1}$$

となる x はどうやって表したらよいでしょうか。ここで**虚数単位** i という量を考え

ます。定義は

$$i^2 = -1 \tag{7.2}$$

です。もちろん、i は実数ではありません。こういうものだと考えましょう。すると、自乗して負になる数はすべて虚数単位を使い

$$a^2 = -b \quad なら \quad a = i\sqrt{b} \tag{7.3}$$

と書くことができます。たとえば式 (7.1) なら、$x = i\sqrt{2}$ と書くことができます。

　虚数単位 i を定義することにより、私たちは自乗して負になる数が扱えるようになりました。虚数単位 i と実数の積で表された数を**虚数**とよびます。実数と虚数の大小は比べようがありません。しかし、虚数どうしの大小は明確に定義可能です。いわば、実数とは異なるもう一つの数の体系ができたということになります。

　実数と虚数の和で表された数

$$z = a + ib \tag{7.4}$$

は**複素数**とよばれます。

　実数と虚数はそれぞれ別の数の体系ですから、これを二次元デカルト座標（4.2.1 項）で表します。**実軸**と**虚軸**を座標軸とする平面を**複素平面**または**ガウス平面**といいます。任意の複素数は複素平面のどこかに位置する一つの点で表せます。複素平面上の複素数 $z = a + ib$ を図 7.1 に示します。

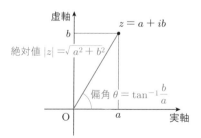

図 7.1　複素平面上の複素数 $a + ib$

　複素平面を二次元デカルト座標とすれば、原点から z までの距離と、基準方向からの角度が定義できるでしょう。原点から z 点までの距離を複素数 z の「絶対値」$|z|$、実軸から測った角度を「偏角」θ と定義します。複素数 z の絶対値、偏角は $\mathrm{Abs}(z)$, $\mathrm{Arg}(z)$ とも書かれ、**図 7.1** からも明らかなように

$$|z| \text{ または } \mathrm{Abs}(z) : \sqrt{a^2 + b^2} \tag{7.5}$$

$$\theta \text{ または } \mathrm{Arg}(z) : \tan^{-1}\frac{b}{a} \tag{7.6}$$

となります。これが複素数の基本です。

7.2 オイラーの公式と極形式

数学史上最大の発見ともいえる、発見者オイラーの名前が付いた公式は複素数の指数と三角関数を以下のように結びます。

$$e^{i\theta} = \cos\theta + i\sin\theta \tag{7.7}$$

e は「ネイピア数」とよばれる定数で、大きさは $2.71828\cdots$ です。自然科学の数多の公式や法則に登場する、π と並んで重要な数です。数学の苦手な人は、ここはわからなくてもかまいません。$y = e^x$ は実数の範囲では単調に増加する関数ですが、x に虚数 $i\theta$ を与えると、複素平面上の半径 1 の円となります。

式 (7.7) からいえることは、任意の複素数 $z = a + ib$ は図 7.2 のように

$$z = |z|e^{i\theta} \tag{7.8}$$

の形に表現可能ということです。これは、ちょうど二次元デカルト座標で表された z を極座標に変換したことと等価です。ある複素数 z を $a + ib$ で表したものを**直交**

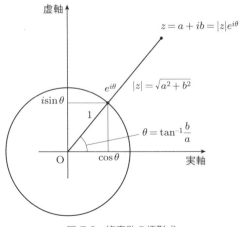

図 7.2　複素数の極形式

形式、$|z|\,e^{i\theta}$ で表したものを**極形式**といいます。

　極形式で表現された複素数は物理学や工学の解析方法に革命を起こしました。これ以上は本書の内容から外れるので説明しませんが、関数電卓に複素数を極形式 $|z|\,e^{i\theta}$ で入力する機能があるのはこういった事情があるのです。

7.3 二次元平面のベクトル

　続いて、**ベクトル**の概念についていくつか基本的なことを説明します。ベクトルとは「大きさ」と「方向」をもった量です。たとえば、運動する物体の速度、力、電磁場などは大きさだけでなく、どちらの向きかという情報ももっています。こういう量を「ベクトル量」といいます。一方で、物理学でもっとも基本的な三つの量である「長さ」「重さ」「時間」はいずれも大きさだけで「方向」はもちません。こういう量はベクトルに対応する概念で「スカラ量」といいます。

　ベクトル量を表すためには矢印が使われます（図 7.3）。ある量がある大きさをもち、ある方向を向いているというのを、長さと方向が決められた矢印で表すわけです。ベクトル量は矢印の根っこの方向から先端の方向に流れるので、矢印の根っこを「始点」、先端を「終点」とよびます。ベクトルがもつ情報は「方向」と「大きさ」だけで、どこから始まっているか、というのはベクトル量に何の影響も与えない、という点に注意してください。したがってベクトルは自由に平行移動ができます。また、ベクトルを識別するときは記号の上に矢印を付け、「ベクトル $\vec{A}$」のように書きます。

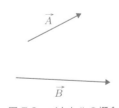

図 7.3　ベクトルの概念

　二次元平面上の点もベクトル量です。点 A を表すベクトル $\vec{A}$ は「原点から点 A に引いた矢印」と定義します。これを**位置ベクトル**とよびます。もちろん、位置ベクトルもほかのベクトル量と同じく、平行移動してもその本質は変わりません。

　ベクトル量は、スカラ量と同じように足したり引いたりできます。ただし単純な

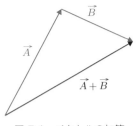

図 7.4 ベクトルの加算

　足し算、引き算と比べルールは少々複雑です。ベクトル $\vec{A}$ と $\vec{B}$ の足し算は、図 7.4 のようにベクトル $\vec{A}$ の終点とベクトル $\vec{B}$ の始点をつなぎ、$\vec{A}$ の始点と $\vec{B}$ の終点を結んだものを $\vec{A}+\vec{B}$ とします。

　これは現実の世界でいうと、次のような規則を表しています。図 7.5 のように、速度ベクトル $\vec{A}$ で航行する船の上で、速度ベクトル $\vec{B}$ で走っている人がいるとしましょう。岸から見ると、この人はベクトル $\vec{A}+\vec{B}$ の速度で動いているように見えます。このように、ベクトルの足し算は、二つのベクトル量が足し合わさったときに何が起こるかを矢印の操作で導くことができる方法です。

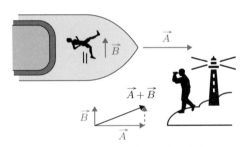

図 7.5 ベクトルの加算のもつ意味

　引き算はというと、「マイナスのベクトルを足す」という考え方をします。マイナスのベクトルとは、あるベクトル $\vec{A}$ と大きさが同じで逆方向に走るベクトルで、$-\vec{A}$ と書きます。たとえば $\vec{A}-\vec{B}$ は図 7.6 のように、ベクトル $\vec{A}$ とベクトル $-\vec{B}$ の和として計算されます。

　そのほかの演算として、$\vec{A}$ と同じ方向で大きさが 2 倍のベクトルを $2\vec{A}$、3 倍のベクトルを $3\vec{A}$ と定義し、「ベクトルのスカラ倍」とよびます（図 7.7）。

　位置ベクトルに対してベクトルの四則演算を適用してみます。図 7.8 には点 A と点 B を表す位置ベクトルが書き込まれていますが、測線 AB を表すベクトル $\overrightarrow{AB}$ は

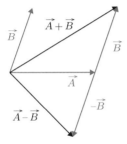

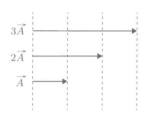

図 7.6　ベクトルの足し算と引き算の関係　　図 7.7　ベクトルのスカラ倍

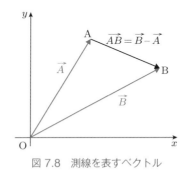

図 7.8　測線を表すベクトル

$$\overrightarrow{AB} = \vec{B} - \vec{A} \tag{7.9}$$

と表されることがわかります。

7.4　関数電卓での複素数の扱い

　それでは、いよいよ複素数を関数電卓で扱ってみましょう。関数電卓で複素数を扱うときは、**複素数モード**に入ります。複素数モードでは、複素数の加減乗除や、直交形式と極形式の相互変換が可能です。ただし、fx-JP500 は、三角関数や指数関数、平方根など多くの関数に複素数を与えることができません。一方、複素数モードでも実数の三角関数は計算可能です。さっそく、基本的な入力と計算をやってみましょう。複素数に関係するキーの位置を図 7.9 に示します。

■ 複素数モードに入る

　MENU　2

　NOTE　「2: 複素数計算」を選びます。複素数モードではステータスエリアの上に「i」が出ます（図

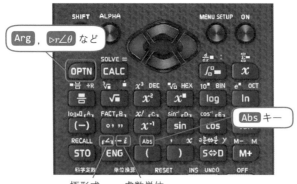

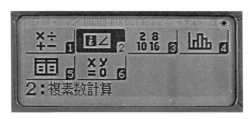

図 7.9　複素数モードで使用するキー

図 7.10　複素数モードへの切り替え

7.10)。

■ 複素数の入力

$$2 + 3i \tag{7.10}$$

2 **+** 3 *i* **=**　　　　　　　　　　　　　　　　　　　　　　　答：$2 + 3i$

[NOTE] *i* キーはファンクションエリア最下段、ENG キーです。複素数モードで有効な機能は、ファンクションキーの上に紫の文字で記されています。SHIFT キーを押す必要はありません。

■ 複素数の入力（極形式）

$$2e^{45^\circ i} \tag{7.11}$$

2 **∠** 45 **=**　　　　　　　　　　　　　答：$1.414213562 + 1.414213562i$

[NOTE] 数学や工学の世界では、極形式の角度に度分秒表記を使うことはありません。本来、$e^{i\theta}$ には [rad] で表された角度を与えるべきですが、本書は測量計算に複素数を使う、ということからあえて度分秒表記を使っています。関数電卓の角度モードが [deg] モードになっていれば式 (7.11)

のような表記が許されます。

NOTE ∠ キーは ENG キーの裏です。 SHIFT ENG と操作してください。

NOTE 入力する際、虚数単位 i は必要ありません。

NOTE 入力された数値は自動的に直交形式に変換されます（図 7.11）。

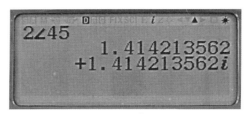

図 7.11　極形式で $2e^{45°i}$ を入力した結果

■ 基本演算

$$(1 + 2i)(2 + 3i) \tag{7.12}$$

(1 + 2 i) (2 + 3 i) =　　　　　　　　　　　　　　　　　　　　答：$-4 + 7i$

答えを極形式で見る

OPTN ↓ 1 =　　　　　　　　　　　　　　　　　　　　答：$8.062257748∠119.7448813°$

NOTE OPTN キーを押すと、メニュー（図 7.12）が現れます。 ↓ で下にスクロールして 1 を選びます。

図 7.12　複素数演算のメニュー

答えを直交形式で見る

OPTN ↓ 2 =　　　　　　　　　　　　　　　　　　　　答：$-4 + 7i$

解をメモリーに入れる

STO A

A の絶対値を得る

Abs A =　　　　　　　　　　　　　　　　　　　　答：8.062257748

A の偏角を得る

OPTN **1** **A** **=**   答：119.7448813°

以降は表記を簡略化するため、複素数関連のキーは **Arg** **▷r∠θ** などの機能で直接表記します。

7.5 測量計算における複素数の考え方

測量計算に複素数を使う基本的思想は、「点の座標を複素数とみなし、これを位置ベクトルで表現する」ということです。内分点や交点の計算はベクトルどうしの演算、すなわち複素数どうしの四則演算により実行されます。この方式のメリットは、「X 座標と Y 座標を同時に記憶、計算できる」ということにつきます。fx-JP500 には 9 個のメモリーがありますが、これらは複素数モードではすべて複素数、すなわち位置ベクトルの X 座標と Y 座標を同時に蓄えます。実質メモリーが 2 倍に増えることになるわけですね。しかも、四則演算は X, Y 座標が同時に行われます。たとえば以下のような問題を考えます。

例題 **7.1**　点 A の座標は $(X_A, Y_A) = (2.0, 1.0)$ m、測線 AB の長さは 2.5 m、方向角は $120°$ である。点 B の座標を求めなさい。

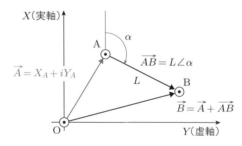

図 7.13　測量計算をベクトルで考える

解答　$X_B = 0.75$ m, $Y_B = 3.17$ m

普通の計算なら

2 **+** 2.5 **cos** 120 **=**   答：0.75 m

1 **+** 2.5 **sin** 120 **=**   答：3.165063509 m

ですが、これを複素数モードで行うことを考えましょう。いま、点 A、測線 AB をベク

トルと考えます。複素数の和の定義から、

$$\vec{B} = \vec{A} + \overrightarrow{AB} \tag{7.13}$$

です。したがって、$\vec{A}$ と $\overrightarrow{AB}$ の和をとれば $\vec{B}$ が得られます。測量の座標系は数学と x 軸、y 軸が入れ替わっていますが、ベクトルの性質には影響ありません。ベクトル $\vec{A}$ は直交形式、ベクトル $\overrightarrow{AB}$ は極形式で入力します。

2 `+` `i` `+` 2.5 `∠` 120 `=` 　　　　　　　　　　　　　　答：$0.75 + 3.165063509i$

このように計算はあっという間です。

土地家屋調査士試験で複素数モードを使うときには、まずすべての点の位置ベクトル（問題によっては測線のベクトル）をメモリーに入れてしまうのがポイントです。土地家屋調査士試験で 9 個を超える点が同時に必要となる問題は前例がありませんから、メモリーが不足になることはないでしょう。そして、未知点を求める計算は、すべて変数で表されたベクトルどうしの演算、と考えるわけです。

2 点 A, B の座標が与えられたとき、ベクトル $\overrightarrow{AB}$ は $\vec{B} - \vec{A}$ で求められます。また、測線と測線のなす交角は、ベクトルの偏角どうしの引き算で求められます。練習として以下の問題を解いてください。

例題 7.2　表 7.1 の測線 AB と AC の交角を計算しなさい。

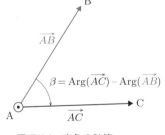

$$\beta = \mathrm{Arg}(\overrightarrow{AC}) - \mathrm{Arg}(\overrightarrow{AB})$$

図 7.14　交角の計算

表 7.1　測点の座標

測点	X 座標 [m]	Y 座標 [m]
A	3.7	4.0
B	7.1	6.2
C	3.9	7.9

解答　$54°09'33''$

3.7 `+` 4 `i` `STO` `A`
7.1 `+` 6.2 `i` `STO` `B`
3.9 `+` 7.9 `i` `STO` `C`
`Arg` `C` `-` `A` `)` `-` `Arg` `B` `-` `A` `=` `°'"` 　　　　答：$54°09'32.7''$

これから説明していく複素数を使った測量計算は、ここまでに説明した基本演算

の組み合わせによって成り立っています。

7.6 座標計算への応用

7.6.1 内分点

5.1 節で考えた**内分点**の問題を複素数で解いてみましょう。点 A と点 B の座標が与えられているとき、AB 上のどこか、指定された点 C の座標を決定する計算です。点 C を指定する方法として、一つは長さ S を直接与える方法、もう一つは C が AB をどのように分割するかを、m と n の比率で表す方法が考えられます（図7.15）。どちらについても複素数での計算が可能です。

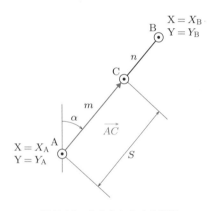

図 7.15　内分点を求める問題

長さが直接与えられている場合、ベクトル $\vec{C}$ はベクトル $\vec{A}$ とベクトル $\vec{AC}$ の和で表されます。$\vec{AC}$ の長さ S は与えられており、方向はベクトル $\vec{AB}$ と同じですから、計算は以下のようになります。

$$\vec{AC} = S\angle\mathrm{Arg}(\vec{AB}) \tag{7.14}$$

例題をやってみましょう。

例題 7.3　図 7.15 において、点 A の座標が $(0.5, 1.3)\,\mathrm{m}$、点 B の座標が $(2.5, 2.5)\,\mathrm{m}$ である。$S = 1.2\,\mathrm{m}$ のとき点 C の座標を求めなさい。

解答　$X_\mathrm{C} = 1.53\,\mathrm{m}$, $Y_\mathrm{C} = 1.92\,\mathrm{m}$

- **■ Step 1　ベクトル A をメモリー A に、ベクトル B をメモリー B に入れる**

　　　0.5 `+` 1.3 `i` `STO` `A`

　　　2.5 `+` 2.5 `i` `STO` `B`

- **■ Step 2　C の座標を計算**

　　　`A` `+` 1.2 `∠` `Arg` `B` `−` `A` `=`　　　　　　　答：$1.528991511 + 1.917394907i$

　長さが与えられず、比率 m, n が与えられている場合、ベクトル演算では次のように考えます。

$$\overrightarrow{AC} = \frac{m}{m+n} \overrightarrow{AB} \tag{7.15}$$

例題 7.4　図 7.15 において、点 A の座標が $(0.5, 1.3)\,\mathrm{m}$、点 B の座標が $(2.5, 2.5)\,\mathrm{m}$ である。測線 AB を $m : n = 3 : 2$ に内分する点 C の座標を求めなさい。

解答　$X_\mathrm{C} = 1.70\,\mathrm{m},\ Y_\mathrm{C} = 2.02\,\mathrm{m}$

- **■ Step 1　ベクトル A をメモリー A に、ベクトル B をメモリー B に入れる**

　　　0.5 `+` 1.3 `i` `STO` `A`

　　　2.5 `+` 2.5 `i` `STO` `B`

- **■ Step 2　C の座標を計算**

　　　`A` `+` 3 `÷` 5 `×` `(` `B` `−` `A` `=`　　　　　　　答：$1.7 + 2.02i$

7.6.2　二直線の交点

　続いて、二直線の**交点**を求める計算です。複素数を使い交点を求める方法はいくつか知られています。しかし、どの方法も、関数電卓という限られた環境で無理に計算を行っているため、直感的に理解できるものではなく、しかも打鍵数が多くかなり面倒です。

　交点だけは連立方程式計算モードで計算してもよいのですが、モードを変えることで入力した点の座標が消えてしまう、というデメリットがあります。ここは何とか複素数モードで計算することを考えましょう。私がもっともスマートだと感じたのは、以下のような手続きです。

図 7.16 のように、三つのベクトルを考えます。AB と CD の交点 P を求めるので、知りたいのはベクトル $\overrightarrow{AP}$ です。方向はベクトル $\overrightarrow{AB}$ に一致しているので、長さ L がわかればベクトル $\overrightarrow{AP}$ が求められます。ベクトル $\overrightarrow{CA}$ は両端点が既知ですから測線長、方向角が決定できます。測線 CP を底辺とする三角形の高さ h は $\left|\overrightarrow{CA}\right|\sin\beta_1$ で求められ、今度は反対側の角度 β_2 を使えば L が求められます。最後に、ベクトル $\overrightarrow{AP}$ を極形式で記述すれば P 点の座標が求められる、というわけです。数式で表せば、以下の一連の計算です。

$$h = \left|\overrightarrow{CA}\right| \sin\left\{\mathrm{Arg}(\overrightarrow{CD}) - \mathrm{Arg}(\overrightarrow{CA})\right\} \tag{7.16}$$

$$L = \frac{h}{\sin\left\{\mathrm{Arg}(\overrightarrow{AB}) - \mathrm{Arg}(\overrightarrow{CD})\right\}} \tag{7.17}$$

$$\overrightarrow{P} = \overrightarrow{A} + L\angle\mathrm{Arg}(\overrightarrow{AB}) \tag{7.18}$$

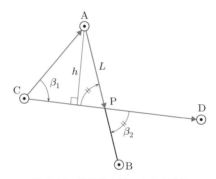

図 7.16　複素数を使った交点計算

具体例でやってみましょう。

例題 **7.5**　点 A, B, C, D の座標が表 7.2 のとおりであるとして、測線 AB と測線 CD の交点 P の座標を求めなさい。

表 7.2　測点の座標

測点	X 座標 [m]	Y 座標 [m]
A	8.0	5.8
B	3.2	7.0
C	5.5	3.5
D	4.7	9.9

解答 $X_P = 5.12\,\mathrm{m}$, $Y_P = 6.52\,\mathrm{m}$

A, B, C, D の座標がそれぞれ対応するメモリーに入っているとして、操作は以下のようになります。

[Abs] [A] [−] [C] [)] [sin] [Arg] [D] [−] [C] [)] [−] [Arg] [A] [−] [C] [=]

答：$h = 2.765974581\,\mathrm{m}$

[÷] [sin] [Arg] [B] [−] [A] [)] [−] [Arg] [D] [−] [C] [=]

答：$L = 2.965975982\,\mathrm{m}$

[A] [+] [Ans] [∠] [Arg] [B] [−] [A] [=]　答：$5.122580645 + 6.519354839i$

確かにこの手続きで、方程式を使わずに交点 P の座標が求められました。応用として、5.2 節で解いた以下の例題を、複素数を使って解いてください。

例題 7.6　図 5.4（→ p.84）の土地を測量し、以下の成果を得た。P 点の座標を決定しなさい。

表 7.3　図 7.17 の座標

機械点	測点	方向角	測線長 [m]	X 座標 [m]	Y 座標 [m]
T1	T2	59°06′00″	10.50	6.60	8.80
A				14.70	14.60
B				7.80	17.60

解答 $X_P = 11.03\,\mathrm{m}$, $Y_P = 16.20\,\mathrm{m}$

T2 の座標が未知ですが、この場合は図 7.17 のように T2 を使わないベクトルを選びます。

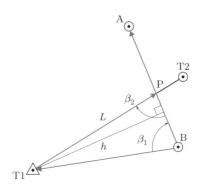

図 7.17　複素数で交点を求める応用問題

- Step 1　**A, B, T1** の座標をメモリー A, B, C に入れる（操作は省略）
- Step 2　h の計算

  $\boxed{\text{Abs}}$ $\boxed{\text{C}}$ $\boxed{-}$ $\boxed{\text{B}}$ $\boxed{)}$ $\boxed{\sin}$ $\boxed{\text{Arg}}$ $\boxed{\text{A}}$ $\boxed{-}$ $\boxed{\text{B}}$ $\boxed{)}$ $\boxed{-}$ $\boxed{\text{Arg}}$ $\boxed{\text{C}}$ $\boxed{-}$ $\boxed{\text{B}}$ $\boxed{=}$

  答：$h = 8.548687829\,\text{m}$

- Step 3　L の計算

  $\boxed{\text{NOTE}}$　β_2 は $\text{Arg}(\overrightarrow{T2T1}) - \text{Arg}(\overrightarrow{AB})$ です。

  $\boxed{\div}$ $\boxed{\sin}$ 59°06′00″ $\boxed{-}$ 180 $\boxed{-}$ $\boxed{\text{Arg}}$ $\boxed{\text{B}}$ $\boxed{-}$ $\boxed{\text{A}}$ $\boxed{=}$

  答：$L = 8.620514491\,\text{m}$

- Step 4　**P** の座標を計算

  $\boxed{\text{C}}$ $\boxed{+}$ $\boxed{\text{Ans}}$ $\boxed{\angle}$ 59°06′00″ $\boxed{=}$　　　答：$11.02698981 + 16.19696095i$

7.7　トラバース測量への応用

トラバース測量の手順を復習します（→ p.58）。

a　測角の点検と角度調整

b　方向角の計算

c　経距、緯距の計算

d　閉合差の調整

e　各点の座標を決定

このうち、a、b のプロセスは複素数とは無関係ですが、c 以降には複素平面の考え方が活用できます。実例を使ってやってみましょう。4.3 節でとりあげた問題を、複素数を使って解いていきます。方向角の計算まではあらかじめ済ませておいて、表 7.4 を出発点にします。

図 7.18 のように、4 本の測線をそれぞれベクトル $\vec{a}$, $\vec{b}$, $\vec{c}$, $\vec{d}$ とします。入力

表 7.4　測線長と方向角

測線	測線長 [m]	方向角
AB	11.97	153°50′00″
BC	9.04	63°29′00″
CD	7.89	345°04′30″
DA	11.34	265°15′50″

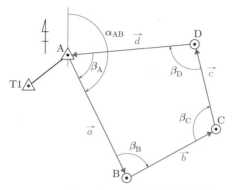

図 7.18　トラバース測量を複素数で解く

は極形式で以下のように行います。

■ Step 1　測線の入力

$\vec{a}$　　11.97 ∠ 153°50′00″ STO A　　　　　　答：$-10.74325545 + 5.278575779i$

$\vec{b} \sim \vec{d}$ も同様。

■ Step 2　閉合差の計算

四つのベクトルを足すだけで求めることができます。

A + B + C + D STO E　　　　答：$-0.01975832265 + 0.03422418248i$

確かに、4.3 節のやり方と比べると断然速いですね。閉合比を求めるためと、コンパス法による調整のため、測線長の絶対値の合計 $\sum S$ をメモリー F に入れておきます。

Abs A ） + Abs B ） + Abs C ） + Abs D ） STO F

答：$\sum S = 40.24\,\mathrm{m}$

NOTE　上のようにメモリーを呼び出してもよいのですが、これくらいなら直接 11.97 + 9.04 + 7.89 + 11.34 STO F とやったほうが早いでしょう。

■ Step 3　閉合比を計算

Abs E ） ÷ F =　　　　　答：$R = 9.820619478 \times 10^{-4}$

■ Step 4　コンパス法で測線長を調整

ベクトル的な考え方では、各測線の調整は次の公式で与えられます。

$$\vec{A'} = \vec{A} - \frac{S_A}{\sum S}\vec{E} \tag{7.19}$$

ここで、S_A は測線長 A を、$\sum S$ は測線長の合計（メモリー F）を意味します。具体的な計算は以下のとおりです。

[A] [−] [Abs] [A] [)] [E] [÷] [F] [STO] [A]　　　　答：$-10.73737804 + 5.268395275i$

[B] [−] [Abs] [B] [)] [E] [÷] [F] [STO] [B]　　　　答：$4.040420154 + 8.081344418i$

以下同様。

これで、緯距・経距の調整が同時にできてしまいます。結果をメモリーに入れたのは、調整済みの緯距・経距を再利用することができるかの検証のためで、出てきた答えを小数点以下 2 桁に丸め、表に書き写してしまえば不要です。結果を表 7.5 に示しました。

表 7.5　調整後の緯距・経距（コンパス法）

測線	緯距 [m]	経距 [m]
$\vec{a}$	−10.74	5.27
$\vec{b}$	4.04	8.08
$\vec{c}$	7.63	−2.04
$\vec{d}$	−0.93	−11.31
合計	0	0

続いて、各点の座標の計算です。メモリーには調整後の緯距・経距が蓄えられているので、これを使えばあっという間に計算できます。しかし、測量計算では、緯距・経距は小数点以下 3 桁目を四捨五入するルールです。したがって、ここでは**表 7.5** の数値を使います。せっかく複素数モードにいるので、複素数を使ってやってみましょう。A 点の座標が $X_A = 16.00\,\mathrm{m}, Y_A = 1.00\,\mathrm{m}$ であるとします。

16 [+] [i] −10.74 + 5.27 [i] [=]　　　　答：$5.26 + 6.27i$

[+] 4.04 [+] 8.08 [i] [=]　　　　答：$9.30 + 14.35i$

[+] 7.63 [−] 2.04 [i] [=]　　　　答：$16.93 + 12.31i$

[−] 0.93 [−] 11.31 [i] [=]　　　　答：$16.00 + 1.00i$

表 7.6　測点の座標

測点	X 座標 [m]	Y 座標 [m]
A	16.00	1.00
B	5.26	6.27
C	9.30	14.35
D	16.93	12.31

各点の座標が表 7.6 のように得られました。比較のため、メモリーの緯距・経距を次々と足す方法で B, C, D 点の座標を求めてみます。

16 + *i* + A =　　　　　　　　　答：5.26262196 + 6.268395275*i*

+ B =　　　　　　　　　　　　　答：9.303042114 + 14.34973969*i*

+ C =　　　　　　　　　　　　　答：16.93073752 + 12.31092478*i*

+ D =　　　　　　　　　　　　　答：16.00 + 1.00*i*

表 7.7　測点の座標（メモリーの緯距・経距を連続加算）

測点	X 座標 [m]	Y 座標 [m]
A	16.00	1.00
B	5.26	6.27
C	9.30	14.35
D	16.93	12.31

小数点以下 3 桁目を四捨五入した結果（表 7.7）は、危なげなく表 7.6 に一致しました。10 年ほど前までの土地家屋調査士試験の問題は、このように、途中で測線を丸めず計算しても誤差が出ないように配慮されていましたが、最近は実際的な問題が増えてきたせいか、あるいは噂される「複素数封じ」のためか、両者が一致しない場合が散見されます。複素数モードで座標の計算を行う場合は、面倒でもいったん数値を丸め、表に書き出してから先に進む方法をおすすめします。

7.8　面積計算への応用

点の座標が複素数で与えられているとき、面積を計算するよく知られた公式があります。測点が複素数 $z_1, z_2, \ldots, z_n$ で表されるとき、面積は

$$\frac{1}{2}\left(z_1 \cdot \overline{z_2} + z_2 \cdot \overline{z_3} + \cdots + z_n \cdot \overline{z_1}\right) \tag{7.20}$$

の「虚部」の絶対値に一致します。ここで、$\bar{z}$ は z の「共役複素数」とよばれる

値で、$z = a + ib$ のとき、$\bar{z} = a - ib$ です。共役複素数は、複素関数では頻出する概念で、もっとも有名な公式は

$$z \cdot \bar{z} = |z|^2 \tag{7.21}$$

です。

実際の問題に入る前に、理屈を説明します。式 (7.20) の括弧の中を頭から $a + ib$ の形で書き下していくと、

$$z_1 \cdot \overline{z_2} = (x_1 + iy_1)(x_2 - iy_2) \tag{7.22}$$

$$z_2 \cdot \overline{z_3} = (x_2 + iy_2)(x_3 - iy_3) \tag{7.23}$$

となり、虚部のみを抜き出していくと、

$$-x_1 y_2 + x_2 y_1 - x_2 y_3 + x_3 y_2 + \cdots \tag{7.24}$$

となります。これを x_i でまとめていけば

$$x_1 (y_n - y_2) + x_2 (y_1 - y_3) + \cdots \tag{7.25}$$

となり、これに $1/2$ をかけた値が多角形の面積の公式 (5.35) に一致します。

第 5 章でとりあげた問題を複素数で解いてみましょう。

例題 7.7 平面上の四角形の土地 ABCD を測量し、表 7.8 のような座標を得た。面積を計算しなさい。

表 7.8　座標法による面積計算の例

機械点	X 座標 [m]	Y 座標 [m]
A	12.6	8.5
B	14.6	13.5
C	18.6	14.5
D	22.6	8.5

（平成 17 年度土地家屋調査士試験より改題）

解答 39.00 m^2

fx-JP500 で共役複素数を求める操作は

OPTN 2

です。数式エリアに「Conjg(」の表示が現れます。「共役」の意味をもつ英単語、conjugation の略です。以降、操作は Conjg と表記します。

- Step 1　A, B, C, D の座標をメモリー A, B, C, D に入れる（操作は省略）
- Step 2　面積の計算公式

0.5 〔 A Conjg B 〕 + B Conjg C 〕 + C Conjg D 〕 + D Conjg A =
答：$833.32 + 39i$

次に、測点が 4 点のみの面積計算です。複素数を使わない場合、簡略化された

$$S = \frac{1}{2} |(x_1 - x_3)(y_2 - y_4) - (x_2 - x_4)(y_1 - y_3)| \tag{7.26}$$

という公式がありましたが、複素数でも同じような公式があります。四角形 ABCD があるとき、面積は

$$\frac{1}{2} \overrightarrow{AC} \cdot \overrightarrow{BD} \tag{7.27}$$

の「虚部」の絶対値に一致する、というものです。表 7.8 の問題を式 (7.27) で解いてみます。

別解▶

- Step 1　A, B, C, D の座標をメモリー A, B, C, D に入れる（操作は省略）
- Step 2　面積の計算公式

0.5 〔 C − A 〕 Conjg D − B =
答：$9 + 39i$

　ここまでの公式を全部覚えておけば、大概の測量計算は複素数モードで実行可能であることがおわかりいただけると思います。一方、複素数による測量計算は伝統的手法との互換性がなく、関数電卓も異なるモードで用いるため、使うと決めたら覚悟が必要です。したがって、私としては安易におすすめはしません。複素数による測量計算を極めたいと思った人は、4 章、5 章、6 章で登場した問題に複素数で再挑戦してみてください。そして、どちらのほうが楽だったかを自ら判断してほしいと思います。

―――　演習問題　―――

　図 5.19（→ p.104）に示す土地 ABCD がある。測点 ABCD の座標は表 7.9 のように決定された。複素数モードを用い、次の問いに答えなさい。
Q1.　AC と BD を結んだときの交点 P の座標を決定しなさい。
Q2.　この図形を AC を通る直線で分割し、三斜法で表したい。三角形 ACD の高さ h を

表 7.9

機械点	X 座標 [m]	Y 座標 [m]
A	5.7	1.8
B	2.9	1.2
C	1.1	4.9
D	5.1	7.4

求めなさい。

Q3. 式 (7.27) を使い、ABCD の面積を計算しなさい。

Q4. 測線 CD 上に点 Q を定め、AQ で ABCD の面積を二等分したい。Q の座標を決定しなさい。

Q5. 下記見取図（図 7.19）に示す土地について以下の問いに答えなさい。ただし、計算はすべて複素数で行うこと。

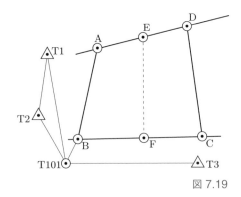

（注）E 点は直線 AD 上にあり、AE と ED を 4：5 に内分する点である。また、F 点は、E 点を通り、線 BC に直交する線と線 BC の交点である。

図 7.19

基本三角点等（既知点）

点名	X 座標 [m]	Y 座標 [m]
T1	32.74	3.31
T2	13.73	1.85
T3	3.54	30.35

トラバース測量観測結果

機械点	測点	水平角	平面距離 [m]
T2	T1	0°00′00″	—
T2	T101	150°21′32″	10.71
T101	T2	0°00′00″	—
T101	T3	116°25′26″	23.91
T101	B	24°44′42″	6.22

測量成果

点名	X 座標 [m]	Y 座標 [m]
A	31.63	9.85
C	7.03	28.98
D	32.26	31.00

(1) トラバース測量の成果により、閉合差の調整を行い、T101 の座標値を求めなさい。ただし、誤差の調整はコンパスの法則により行うものとする（閉合差の制限は考慮しないものとする）。

(2) B 点、E 点および F 点の座標値を求めなさい。

（平成 20 年度土地家屋調査士試験より改題）

Q6. 第 6 章の、午前の部の第 7 問を、複素数を使い解きなさい。

Q7. 第 6 章の、午後の部の問題 問 1 を、複素数を使い解きなさい。

Q8. 第 6 章の、午後の部の問題 問 3 を、複素数を使い解きなさい。

演習問題解答

A1〜A4 は、あらかじめ A, B, C, D の座標がそれぞれ対応するメモリーに入っているとします。

A1. $X_P = 3.612\,\mathrm{m}$, $Y_P = 3.21\,\mathrm{m}$

`Abs A − B ） sin Arg D − B ） − Arg A − B ＝`

答：$h = 2.43815178\,\mathrm{m}$

`÷ sin Arg C − A ） − Arg D − B ＝`

答：$L = 2.517686011\,\mathrm{m}$

`A ＋ Ans ∠ Arg C − A ＝`　答：$3.612167516 + 3.207017544i$

A2. $4.31\,\mathrm{m}$

`Abs D − A ） sin Arg C − A ） − Arg D − A ＝`

答：$h = 4.308579917\,\mathrm{m}$

A3. $17.67\,\mathrm{m}^2$

`0.5 （ D − B ） Conjg C − A ＝`　答：$4.55 − 17.67i$

A4. $X_Q = 2.14\,\mathrm{m}$, $Y_Q = 5.55\,\mathrm{m}$

`17.67 ÷ （ Abs A − D ） sin Arg A − D ） − Arg C`

`− D ＝`　答：$DQ = 3.487415201\,\mathrm{m}$

`D ＋ Ans ∠ Arg C − D ＝`　答：$2.142677824 + 5.55167364i$

A5. (1) $X_{T101} = 4.04\,\mathrm{m}$, $Y_{T101} = 6.43\,\mathrm{m}$

■ Step 1 **T1, T2, T3 の座標をメモリー M, X, Y に入れる**（操作は省略）

■ Step 2 **方向角の計算**

`Arg` `X` `−` `M` `=`   答：$\alpha_{T1T2} = -175.6082091°$

`+` 360 `=` `° ′ ″`   答：$\alpha_{T1T2} = 184°23'30.45''$

方向角 α_{T2T101} `−` 180 `+` 150°21′32″ `=` `° ′ ″`

答：$\alpha_{T2T101} = 154°45'2.45''$

方向角 α_{T101T3} `−` 180 `+` 116°25′26″ `=` `° ′ ″`

答：$\alpha_{T101T3} = 91°10'28.45''$

表 7.10

測線	測線長 [m]	方向角
T2T101	10.71	154°45′02″
T101T3	23.91	91°10′28″

■ Step 3 **測線 T2T101、測線 T101T3 をメモリー A, B に入れる**

10.71 `∠` 154°45′02″ `STO` `A`   答：$-9.686758905 + 4.568457279i$

23.91 `∠` 91°10′28″ `STO` `B`   答：$-0.4900710054 + 23.90497711i$

■ Step 4 **閉合差の計算**

`A` `+` `B` `−` `(` `Y` `−` `X` `STO` `E`

答：$0.01317008936 - 0.02656561551i$

■ Step 5 **コンパス法による調整**

10.71 `+` 23.91 `STO` `C`   答：$\sum S = 34.62\,\mathrm{m}$

`A` `−` `E` `×` 10.71 `÷` `C` `=`   調整後の測線 **T2T101**

答：$-9.690833188 + 4.576675585i$

`B` `−` `E` `×` 23.91 `÷` `C` `=`   調整後の測線 **T101T3**

答：$-0.4991668123 + 23.92332442i$

[NOTE] 調整後の緯距、経距を小数点以下 2 桁に丸め、表に記入します。

■ Step 6 **閉合差がゼロになったことを確認**

`Y` `−` `X` `=` $\overrightarrow{T2T3}$ 答：$-10.19 + 28.5i$

表 7.11

測線	調整前		調整後	
	緯距 [m]	経距 [m]	緯距 [m]	経距 [m]
T2T101	−9.687	4.568	−9.69	4.58
T101T3	−0.490	23.905	−0.50	23.92
合計	−10.177	28.473	−10.19	28.50
T2T3	−10.19	28.50	−10.19	28.50
誤差	0.013	−0.027	0	0

■ Step 7　T101 の座標を計算

　　　$\boxed{\text{X}}$ $\boxed{-}$ 9.69 $\boxed{+}$ 4.58 $\boxed{i}$ $\boxed{=}$ 　　　　　　　　　　　答：$4.04 + 6.43i$

(2) B 点：$X_\mathrm{B} = 10.26\,\mathrm{m}$, $Y_\mathrm{B} = 6.37\,\mathrm{m}$
　　 E 点：$X_\mathrm{E} = 31.91\,\mathrm{m}$, $Y_\mathrm{E} = 19.25\,\mathrm{m}$
　　 F 点：$X_\mathrm{F} = 8.89\,\mathrm{m}$, $Y_\mathrm{F} = 15.96\,\mathrm{m}$

座標は、B, E, F の順番に求めていきます。B 点は測線長と方向角がわかっているので基本の問題です。

■ Step 1　B の座標を計算

　　　$\boxed{\text{Ans}}$ $\boxed{\text{STO}}$ $\boxed{\text{M}}$　　座標 T101 をメモリー M に入れる

　　　$\boxed{\text{Arg}}$ $\boxed{\text{X}}$ $\boxed{-}$ $\boxed{\text{M}}$ $\boxed{=}$　　　　　　　　答：$\alpha_\mathrm{T101T2} = -25.29786371°$

　　　$\boxed{+}$ 24°44′42″ $\boxed{=}$　　　　　　　　答：$\alpha_\mathrm{T101B} = -0.5528637087°$

　　　$\boxed{\text{M}}$ $\boxed{+}$ 6.22 $\boxed{\angle}$ $\boxed{\text{Ans}}$ $\boxed{=}$　　　　　答：$10.25971043 + 6.369982335i$

E 点は、A 点、D 点の内分点です。ここで、以降の計算に必要な座標をメモリーに入れておきます。

■ Step 2　点 A, B, C, D の座標をメモリー A, B, C, D に入れる（操作は省略）
■ Step 3　E の座標を計算

　　　$\boxed{\text{A}}$ $\boxed{+}$ 4 $\boxed{÷}$ 9 $\boxed{×}$ $\boxed{\text{Abs}}$ $\boxed{\text{D}}$ $\boxed{-}$ $\boxed{\text{A}}$ $\boxed{)}$ $\boxed{\angle}$ $\boxed{\text{Arg}}$ $\boxed{\text{D}}$ $\boxed{-}$ $\boxed{\text{A}}$ $\boxed{=}$

　　　　　　　　　　　　　　　　　　　　　　　　答：$31.91 + 19.25i$

　　　$\boxed{\text{Ans}}$ $\boxed{\text{STO}}$ $\boxed{\text{E}}$　　座標 E をメモリー E に入れる

F 点は、一見すると「交点の問題」に見えますが、∠BFE は直角です。B 点、E 点の座標、方向角 α_BC がわかっているので、$BF = BE\cos(\angle EBF)$ で容易に求められます。

■ Step 4　∠EBF を計算

　　　$\boxed{\text{Arg}}$ $\boxed{\text{C}}$ $\boxed{-}$ $\boxed{\text{B}}$ $\boxed{)}$ $\boxed{-}$ $\boxed{\text{Arg}}$ $\boxed{\text{E}}$ $\boxed{-}$ $\boxed{\text{B}}$ $\boxed{=}$　　答：$\angle EBF = 67.38087732°$

- Step 5　$\overrightarrow{BF}$ を計算

　　　Abs E − B) cos Ans =　　　　　　　　答：$BF = 9.688777116\,\mathrm{m}$

- Step 6　$\vec{F} = \vec{B} + \overrightarrow{BF}$

　　　B + Ans ∠ Arg C − B =　　　　　　　答：$8.8898 + 15.9614i$

　一見複雑なことをやっているように見えますが、やっていることは直感的です。図 7.19 を見ながら、メモもとらずに打つことができます。

A6.　選択肢 4（2.10 m）

　　典型的な「点と直線の距離」の問題ですが、複素数モードでは直線の方程式を基にした考え方を使うことができません。第 6 章の「別解 2」で用いた幾何の公式を複素ベクトルに適用します。

$$w = \left|\overrightarrow{CE}\right| \sin\{\mathrm{Arg}\left(\overrightarrow{CE}\right) - \mathrm{Arg}\left(\overrightarrow{CD}\right)\} \tag{7.28}$$

- Step 1　C, D, E の座標をメモリー C, D, E に入れる（操作は省略）
- Step 2　公式 (7.28) を用い、w を計算

　　　Abs E − C) sin Arg D − C) − Arg E − C =

　　　　　　　　　　　　　　　　　　　答：$w = 1.818351095\,\mathrm{m}$

- Step 3　$3 - w/2$ の計算

　　　3 − Ans ÷ 2 =　　　　　　　　　　　答：$2.090824452\,\mathrm{m}$

A7.　A 点：$X_\mathrm{A} = 505.93\,\mathrm{m}$, $Y_\mathrm{A} = 495.62\,\mathrm{m}$
- Step 1　T1, T2 の座標をメモリー X, Y に入れる（操作は省略）
- Step 2　$\overrightarrow{T1A}$ を計算

　　　7.37 ∠ ((Arg Y − X) + 227°43′36″ =

　　　　　　　　　　　　答：$5.930639231 - 4.735433499i$

- Step 3　A の座標を計算

　　　+ X =　　　　　　　　答：$505.9306392 + 495.6245665i$

C 点：$X_\mathrm{C} = 499.79\,\mathrm{m}$, $Y_\mathrm{C} = 526.75\,\mathrm{m}$

- Step 1　B, G, D の座標をメモリー B, X, D に入れる（操作は省略）

■ Step 2　$\overrightarrow{GD}$ を計算

Abs **B** **−** **X** **)** **∠** **Arg** **D** **−** **X** **=**

答：$2.050255555 + 0.5490465899i$

■ Step 3　C の座標を計算

+ **X** **=**

答：$499.7902556 + 526.7490466i$

H 点：$X_{\mathrm{H}} = 504.61\,\mathrm{m}$, $Y_{\mathrm{H}} = 500.55\,\mathrm{m}$

■ Step 1　A, E, F の座標をメモリー A, E, F に入れる （操作は省略）
■ Step 2　F 点から AB に下ろした垂線の長さ h を計算

Abs **F** **−** **A** **)** **sin** **Arg** **B** **−** **A** **)** **−** **Arg** **F** **−** **A** **=**

答：$h = 15.12738596$

■ Step 3　測線 FH の長さ FH を計算

÷ **sin** **Arg** **B** **−** **A** **)** **−** **Arg** **F** **−** **E** **=**

答：$FH = 15.16377353$

■ Step 4　H の座標を計算

F **+** **Ans** **∠** **Arg** **E** **−** **F** **=**

答：$504.6090531 + 500.5528031i$

L 点：$X_{\mathrm{L}} = 514.27\,\mathrm{m}$, $Y_{\mathrm{L}} = 521.83\,\mathrm{m}$

■ Step 1　K の座標をメモリー A に入れる （操作は省略）
■ Step 2　IJ の方向角を計算、メモリー M に入れる

Arg 516.61 **+** 513.65 **i** **−** **(** 502.14 **+** 509.77 **i** **STO** **M**

答：$\alpha_{\mathrm{IJ}} = 15.0102521°$

■ Step 3　K 点から FD に下ろした垂線の長さ h を計算

Abs **A** **−** **F** **)** **sin** **Arg** **A** **−** **F** **)** **−** **Arg** **D** **−** **F** **=**

答：$h = 14.83251601\,\mathrm{m}$

■ Step 4　測線 KL の長さ KL を計算

÷ **sin** **M** **−** 180 **−** **Arg** **D** **−** **F** **=**

答：$KL = 14.83462437\,\mathrm{m}$

$\boxed{\text{A}}$ $\boxed{+}$ $\boxed{\text{Ans}}$ $\boxed{\angle}$ $\boxed{\text{M}}$ $\boxed{=}$　　　　　　　　答：$514.2684596 + 521.8320472i$

A8.　丙：$135.84\,\mathrm{m}^2$　乙：$126.84\,\mathrm{m}^2$　甲：$123.21\,\mathrm{m}^2$

　　はじめに、計算に必要な 9 点の座標をメモリーに入れてしまいましょう。対応は以下のとおりとします。いくつかの点（灰色のアミカケ）は、A7 ですでに入力が済んでいます。

点名	メモリー	点名	メモリー	点名	メモリー
K	A	D	D	F	F
B	B	L	E	H	X
C	C	J	M	I	Y

■ 丙区画の計算

0.5 $\boxed{(}$ $\boxed{\text{Y}}$ $\boxed{-}$ $\boxed{\text{F}}$ $\boxed{)}$ $\boxed{\text{Conjg}}$ $\boxed{\text{M}}$ $\boxed{-}$ $\boxed{\text{X}}$ $\boxed{=}$　　　答：$-72.7605 + 135.8455i$

■ 乙区画の計算

0.5 $\boxed{(}$ $\boxed{\text{Y}}$ $\boxed{-}$ $\boxed{\text{E}}$ $\boxed{)}$ $\boxed{\text{Conjg}}$ $\boxed{\text{M}}$ $\boxed{-}$ $\boxed{\text{A}}$ $\boxed{=}$　　　答：$-74.93335 - 126.8422i$

■ 甲区画の計算

0.5 $\boxed{(}$ $\boxed{(}$ $\boxed{\text{A}}$ $\boxed{\text{Conjg}}$ $\boxed{\text{B}}$ $\boxed{)}$ $\boxed{+}$ $\boxed{\text{B}}$ $\boxed{\text{Conjg}}$ $\boxed{\text{C}}$ $\boxed{)}$ $\boxed{+}$ $\boxed{\text{C}}$ $\boxed{\text{Conjg}}$ $\boxed{\text{D}}$ $\boxed{)}$ $\boxed{+}$

$\boxed{\text{D}}$ $\boxed{\text{Conjg}}$ $\boxed{\text{E}}$ $\boxed{)}$ $\boxed{+}$ $\boxed{\text{E}}$ $\boxed{\text{Conjg}}$ $\boxed{\text{A}}$ $\boxed{=}$　　　答：$1324018.967 + 123.2128i$

参考文献

[1] E. マオール著, 好田順治訳, 「素晴らしい三角法の世界」(青土社 1999)

[2] 浅野繁喜, 伊庭仁嗣編, 「基礎シリーズ 最新測量入門 新訂版」(実教出版 2008)

[3] 土地家屋調査士受験研究会編, 「土地家屋調査士 測量計算と面積計算 改訂版」(法学書院 2009)

[4] 兼杉博, 渡辺文男, 熊沢茂, 町田晃一著, 「絵とき測量士補マスターブック 1 測量の基礎・三角測量・多角測量」(オーム社 1991)

[5] 東京法経学院出版部編 「調査士 年度別過去問解説集 (上)」(東京法経学院 2009)

[6] 東京法経学院出版部編 「調査士 年度別過去問解説集 (下)」(東京法経学院 2010)

[7] 東京法経学院出版部編 「令和 3 年度 土地家屋調査士 本試験問題と詳細解説」(東京法経学院 2022)

著者略歴

遠藤雅守（えんどう・まさもり）

1965 年　東京都に生まれる
1988 年　慶應義塾大学理工学部電気工学科卒業
1993 年　慶應義塾大学理工学研究科後期博士課程修了
1993 年　三菱重工業（株）入社
2000 年　東海大学理学部物理学科専任講師
2004 年　東海大学理学部物理学科助教授
2011 年　東海大学理学部物理学科教授
　　　　現在に至る
　　　　博士（工学）

土地家屋調査士試験のための関数電卓徹底攻略ガイド

2023 年 6 月 14 日　第 1 版第 1 刷発行

著者　　　遠藤雅守

編集担当　宮地亮介・村上　岳（森北出版）
編集責任　上村紗帆（森北出版）
組版　　　ウルス
印刷　　　丸井工文社
製本　　　同

発行者　　森北博巳
発行所　　森北出版株式会社
　　　　　〒102-0071　東京都千代田区富士見 1-4-11
　　　　　03-3265-8342（営業・宣伝マネジメント部）
　　　　　https://www.morikita.co.jp/

複素関数を使った測量計算

■ ベクトル $\vec{A}$ をメモリー M へ入力
測線ベクトル

L ∠ α STO M （ ∠ は SHIFT ENG ）

位置ベクトル

X_A + Y_A i STO M

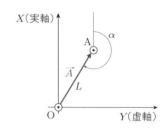

■ $\mathrm{A}(X_\mathrm{A}, Y_\mathrm{A})$ と $\mathrm{B}(X_\mathrm{B}, Y_\mathrm{B})$ を結ぶ
測線ベクトル $\vec{AB}$

X_A + Y_A i STO A

X_B + Y_B i STO B

B − A = $\vec{AB}$

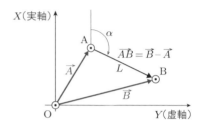

■ 測線ベクトル $\vec{AB}$ の測線長、方向角

測線長：

Abs B − A = $L(|\vec{AB}|)$

方向角：

OPTN 1 B − A = α

■ トラバース計算

X_A + Y_A i + L ∠ α = $\vec{B}$ $(\vec{A} + \vec{AB})$

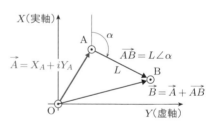

■ 交角の計算

Arg C − A) − Arg B − A = β

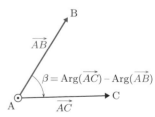